總教練張為堯

與

TOP TEAM Ⅱ 教練群

著

YES WE CAN

推薦序

減對脂肪才是這輩子最後一次減肥

美國德州執照中醫師
范華年

西元二零一八年六月十四日，四十年的摯友亞梅分享一個秘密給我：「她瘦了八公斤！」多麼震驚好消息啊！近十五年來，每年不知道要花多少錢減肥的她，應該是有瘦點又復胖，周而復始吧！

一年回一次台北的我沒見過她的瘦，只見她一年比一年胖，變成標準宅胖歐巴桑；她面無表情，聲音也平淡。穿睡袍、呆在家、不想動，非不得已絕不出門，不見人更不願被見。

今天手機裡傳來她的聲音是多麼喜悅地說：「這次的瘦下來，不會再復胖的！」不復胖就是每一個瘦下來的人最需要的。深信好友的話也深知肥胖就是一種疾病的我，迫不及待地要知道她是如何辦到的！

之所以迫切地要知道答案，是為了我的病人們。許多肥胖的婦女，真的好難懷孕！我在試管嬰兒的醫院上班，以中醫方式調理病人，進一步配合人工試管嬰兒技術，提高病人的懷孕成功率。

當然，主要病人是不孕婦女，可是大多數的她們有都多囊性卵巢症後侯群（PCOS），這是因為大腦和卵巢荷爾蒙失衡引起的，所以婦女如有經期異常、青春痘、黑皮症、多毛、脫髮、不孕、肥胖或三高，可能就是PCOS最佳人選。

在我的臨床經驗裡，這一群肥胖女人是可憐的，非常無可奈何的，辛辛苦苦地運動兩個鐘頭後只能瘦零點五磅，但是只要吃了一點點的一餐後就又胖了兩磅。真令人沮喪！又有誰能夠天天在沮喪中度過日子？少吃多運動會瘦對她們幾乎是天方夜譚。現代女士結婚晚，相對生育年齡短，能為她們找到安全、快速、有效的方法是我的使命！

「不是減肥，是減脂；是最新高科技減脂。可以吃，好好睡，多喝水，有教練群指導！沒有人瘦不下來，只有快和慢！」摯友如此說。果真我的病人們瘦下來了。

我的 PCOS 肥胖病人多屬腎虛痰濕型，但是在教練引導之下，竟然可以補腎祛濕化痰，太不可思議了！為了進一步瞭解，我決定專程飛回台灣拜訪教練們，並了解完整的減脂邏輯，且希望能參與體脂管理師執照考試。

江湖一點訣，說破不是不值錢，而是才知道其中的意義；因為整個原理就是學生時代上生化課程中所學的「檸檬酸循環」。理解了這樣的減脂程序是非常安全且有效，真的能瘦下來的，直到不復胖！

終於找到病人解決方案，令人興奮之至！雀悅不已！此行的另一個大收獲就是認識了一位可圈可點的紳士——為堯總教練，非常感謝總教練邀請我為這本書寫序，我也藉這個機會告訴所有讀者，你如果不願意相信、不給自己一次機會，你真的可能一生無法體會「減對脂肪」到底指的是什麼！

耳邊傳來手機鈴聲，病人吃著蘋果、充滿歡喜的聲音說：「內臟脂肪已降到十，還要瘦下去；可是先生說瘦太多了，不要再瘦了。」

真心祝願大家，這一次是這輩子最後一次減肥了！

推薦序

#YESWECAN！得健康者才能得天下

台北榮民總醫院
前研究護理師
李欣欣

世界肥胖聯盟資料（二〇一五）指出，隨著經濟發展，成年人及兒童肥胖比率，台灣已達到了亞洲冠軍！換句話說，成年男性每兩個有一個要減肥，成年女性每三個有一個要減肥，國中以下學生則每三個就有一個該減肥！這樣的第一名，是真的台灣之光嗎？

一般人常說的「幸福肥」是真的幸福嗎？

你知道，世界衛生組織已正式指出「肥胖是一種慢性疾病」嗎？比起健康體重者，肥胖者發生糖尿病、代謝症候群及血脂異常的風險超過三倍，發生高血壓、心血管疾病、膝關節炎及痛風也有二倍風險。

你知道越「胖」致癌風險越高嗎？依據美國癌症協會（American Cancer Society）所做的調查，肥胖者會增加子宮頸癌、胃癌、膽囊癌、大腸直腸癌、腎癌及乳癌，若體重超過理想體重的百分之四十，則在男性會增加百分之三十三罹癌的機會，在女性會增加百分之五十五罹癌的機會。

而在二〇一七年二月二十八日，英國醫學期刊發表了一篇關於肥胖的論文，結論強力支持「肥胖會提高十一種癌症（食道癌、多發性骨髓癌、胃癌、大腸癌、直腸癌、膽道系統癌、胰臟癌、乳癌、子宮內膜癌、卵巢癌、腎臟癌）風險」！

國民健康署王英偉署長也在新聞稿中表示，一○六年國人十大死因中，就有癌症、心臟疾病、腦血管疾病、糖尿病、高血壓性疾病、腎炎、腎病症候群及腎病變、慢性肝病及肝硬化等七項與肥胖有關！由此可知，肥胖所衍生出來的併發症，條條都能要人命！

網路上流傳一則黑色幽默的笑話說：司馬懿最厲害的不是才華，而是身體好。曹操死了，他沒死。曹操的兒子死了，他沒死。曹操的孫子死了，他還是沒死。打不過諸葛亮，但把諸葛亮熬死了。最後三國歸晉完成了一統中原的夢想。

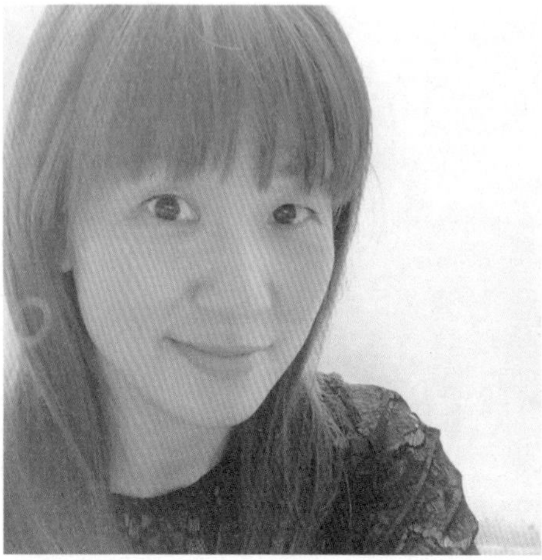

所以一個人要想成功，身體真的很重要，別光有目標、有理想、有能力、有人脈、有金錢，結果沒有健康一切都白忙！得健康者得天下！雖是玩笑話，卻很真實！沒了健康，再有錢，也是白忙一場！

減重≠減肥！有很多人，使用錯誤的方法減掉體重，造成肌肉流失、代謝率下降，不僅健康狀況越減越糟，體脂肪更難被消除！正確的做法，是放在減脂，以

「減去脂肪並保留肌肉」為原則。單純的「體重」跟「身體質量指數」，並不能客觀地呈現一個人的身體狀態，「腰臀比」跟「體脂肪率」也是很重要的指標！

減脂＝抗癌！減脂，不僅能找回身材和自信，還可以降低癌症風險！減脂的方式，從飲食、運動、都需要個人化評估。而身在美食王國的台灣，這更是許多人屢減屢胖的困難點所在！（我看到很多人在狂點頭！）

如果你還不知道什麼叫做正確的減脂邏輯，如果你想了解正確的減脂飲食選擇，與最新的運動觀念。

請看本書 Top team 教練群們如何突破重重困難，用最簡單、最安全，最符合生理學的方式，消滅體脂，找回自信、找回健康甚至改變他們自己與周遭親朋好友的生活！每個人不論你是男是女，是老是少，都可以在他們的身上找到能代表你心境的故事！願他們的心路歷程能鼓舞到每個想減肥的你，也希望大家都能遠離肥胖、保持健康！擁有「輕」鬆人生！

借網路名言：

一、活着就是勝利
二、掙錢只是遊戲
三、健康才是目的
四、幸福才是真諦

願大家都有好身體！

推薦序

該重視的是「健康」絕非膚淺的「消脂減肥」

護理安養專家
李麗珠

二十一世紀在快步調高壓力下，產生了時代性的問題——肥胖。身為專業醫療人員的我，也難逃「肥胖」的命運。伴隨而來的是慢性疾病問題不斷衍生；首先，膝關節的負荷加重，接著，快步行進時會感到氣喘吁吁。

這讓我不得不停下腳步深思，肥胖除了讓我的體態不夠優雅外，更可能引發高血脂、高血壓，甚至心血管栓塞，中風……種種可怕的問題。

慢性病所帶來的恐懼，如排山倒海般的席捲我的人生。此時，我不禁打了個冷顫，問自己：「如果真的病倒了，那我的家庭、我的事業呢？」

於是，我決定「停、看、聽」——停下腳步、看著鏡子，聽專業建議。我知道，我必須立馬挽回頹勢。只是，如何健康瘦身，不需埋線、無需麻醉上手術檯……又能在健檢時一片「藍天」，成了我的重要課題。

幸好，上天總為我們做出最好的安排。

機緣之下，我遇到了張為堯教練。他教導我如何以正確的態度去面對，其實，想瘦身無須高深理論，更不用以水果果腹；重點是要學會「三好」——

好好的吃：正確優質的飲食。

好好休息：正常健康的作息。

好好運動：適度而不過量的運動。

在張為堯教練的帶領下，我學會了吃得健康，重質不重量，也找回了原本充滿活力與自信的自己。這一路走來我也深深體會到，「想瘦」真的不是一般人所誤解的，只是在乎外貌上的追求；而是透過健康正確的身體調理，人的生理機能趨向健康，自然而然就能帶來亮麗形象的附加成效。

重新檢視、調整自己的飲食習慣之後，更讓我體會到，當一個人的身心靈平衡時，就不會讓食物成為紓壓品。因此，找回健康、輕盈體態，提高自信，真的比你我想像中更容易！

YES WE CAN！我做到了，相信你也可以！

總教練的話

用科技戰勝脂肪

#YESWECAN全民運動

YES WE CAN 總教練
張為堯 Allen

在減脂這條路上，每個人本來就是一台法拉利，可能年久失修、螺絲鬆脫、墊片滑落、零件老舊，造成車子跑得不夠快，那不只是車子的問題，也有可能是保養廠和技師的問題。如果你覺得以前的保養廠讓你失望，何不換個新的保養廠，換個新的方式，讓裡面專業的技師來幫你重新運作？

減脂也是一樣的。

我們可能因為生活作息、飲食習慣、情緒、運動、年齡、疾病、身體機能等而造成自己的脂代謝機能異常而不自知，一味著想要減重！很多人對自己的身材感到失望，覺得體態臃腫，要不然就是肚子上一層游泳圈，想要減肥，卻搞錯了方向。因為他們只想減「重」，並不是減「肥」。只要體重機上的數字有變化，就感到開心或失望，殊不知，人的體重，隨時都在變化。

如果你身上的脂肪完全沒有消失、沒有代謝，只是體重變輕，那麼，你減的是什麼？

想要減肥，真正要減的是脂肪，但是大部分的人，在減重的過程中，掉的是水分。體重要變輕很容易，只要脫水就會變輕，像去三溫暖的烤箱烤一烤，或去健身房裡跑跑步、流流汗，基本上，只要在不補充水分的狀態下，體重一定會變輕。

但是大多數的人，只注重體重計上的數字，卻忽略了「體脂」。他覺得體重的數字就是一切，然而現在是科技的時代，必須要用精準的「大數據」來評估這一切。

科學的進步、技術的躍進

如果在二十年前，有人跟你說，在不坐飛機的狀況下，從台北到高雄只要九十分鐘，你相信嗎？

「不可能」我相信是大多數人的回答。因為當時的條件，不論開車或搭自強號列車最快都要四～五小時。

但二十年後的今天，這件事成真了，因為高鐵出現了。

不管什麼年代，我們都必須承認一件事，那就是我不知道「我不知道」的事。每個人都是聰明的，每個人都有他的專業領域及長才，但如果離開他的專業領域，或這件事跟他的才能沒有關係呢？

在這種情況下，大部分的人都會先「看到」才會相信，尤其是專業知識頗高的專業人士，因為他會被他過去的學習、過去的經驗、過去的習慣、過去的種種因素約制，這種人在他的專業領域也許非常厲害，然而，這個世界上，還是有著許多我們根本不知道的事。

如果抱持開放的心態，願意去接受新的事物，就會知道科技日新月異，而我們的方式，是集結了所有的學者專家、醫生、護理人員都知道的邏輯跟原理，再利用科技將它呈現出來。

因為是新的技術，所以很多人一開始不相信。那些明白邏輯原理、願意相信並且勇於嘗試的人，他們成功了，之所以會勇於嘗試，可能是因為他們的需求比較高。

但是我們發現，有些人還沒開始，不代表他們不需要，尤其在看到許多因為肥胖而引起的種種疾病，更讓我們想用自身的例子，來喚醒人們對「健康」的訴求。

正確的認知、正確的方式

我希望提倡正確的飲食方式，生活習慣和正確的減重觀念，因為肥胖而延伸的疾病如果減少，甚至消失的話，就可以大幅度地減少跑醫院的機會，降低健保支出，讓健保留給更需要的人，也會讓國家更健康、更有競爭力。

不正確的減重方式，只會對身體造成不可逆轉的傷害，但人們對這塊的知識太薄弱，所以美國FDA都說了，減肥市場上的騙子比胖子還多。

我曾經幫助過一個學員，她在兩百天內只減了七公斤左右，那她為什麼還願意繼續？因為她跟我們在一起，養成良好的飲食習慣，她開始用「腦」吃東西，懂得什麼樣的食物對她最有益，她也開始早點睡、多喝水，在我們的協助下，她改變的是她的「習慣」。

習慣是很難變更的，今天如果一個家庭裡，掌廚的人習慣吃高升糖、重油重鹹重甜的食物，那家人裡變胖的機也會變高。

減脂，有時候改變的不只是個人，也會改變一個家庭、甚至是整個家族。

我曾經協助過一個十七歲的男生，他在三十天內，成功地減掉了四十公斤的脂肪。

我還有學員是品酒師及美食達人，現在都是我最棒的教練之一，他們的工作就是享受美酒跟美食，如果這樣的人都能夠瘦下來，沒有什麼人是瘦不下來的。

一般人認為不可能的事，我們為什麼可以做到？除了正確的方式，還有「技術」。

我們讓一個人可能因為工作壓力，不正確的生活習慣、飲食習慣，導致他的脂代謝機能系統暫時休眠，我們只是讓它的功能被喚醒，讓一個人的脂代謝機能恢復正常。

脂肪的代謝　「合成」與「分解」

糖尿病是糖代謝機能異常；痛風是蛋白質代謝機能異常；肥胖就是脂肪代謝機能異常。

所以，肥胖事實上就是一種疾病，但是最可怕的是「它」不會痛，而且不會好！

如果脂肪分解的速度慢，合成的速度快，這個人就會變胖；反之，如果分解的速度快，合成速度慢，相對的就會變瘦。如果能將這個道理推廣出去，重新思索減「重」的定義，我們真正要減掉的其實是「脂肪」的重量。

一個人的體內有七百五十億萬個脂肪細胞，每個人都一樣。那為什麼有些人看起來很胖？有些人看起來很瘦？差別是在這些脂肪細胞裡，脂肪的「含量」多寡。就像一個氣球，放進去的水多，這個脂肪細胞就大；放進去的水少，脂肪細胞就小。一個人會胖，是因為這些脂肪細胞內的含脂量高。

這些脂肪怎麼來的？

「吃」出來的。

「胃口」是被我們養大的。

當胃容量變大，而你想要控制體重，開始減少食量，你的胃會感到空虛，但是在它感到空虛之前，你的「大腦」會覺得空虛。嚴格來說，你其實不是餓，你是嘴饞。

那你的細胞呢？身體的細胞感到匱乏，那叫「飢」，像一個人的血糖過低，等於說他的細胞缺乏營養，這個人就會昏倒。

如果是大腦覺得肚子空虛、嘴巴寂寞，那叫「餓」、「饞」，你頂多肚子覺得難受、嘴巴沒事做，而那是種「感覺」。

那麼，一旦吃進錯誤的食物，體內的脂肪分解酶又不夠，就會增肥，那脂肪分解酶哪裡來？在食物裡。

所以減肥的第一要件，要吃對東西。而想要燃燒脂肪，首先就要先燃燒醣，也就是碳水化合物。當碳水化合物的的攝取比例降低，體內的碳水化合物才容易被消耗殆盡。接下來，身體才會從脂肪跟蛋白質中，選擇一個來用，而脂肪往往是最難動用的，因為脂肪真的需要有「條件」才能轉換。

所以我們在減脂的先決要件，就是先讓我們的「細胞」吃飽，讓它不至於營養匱乏，才能講到下一步。

#YESWECAN　全民運動

在亞洲，我所指導過的案例，年紀最小的只有六歲，年紀最大的有八十四歲，都成功的減下來了。

小孩的體重過重，除了會造成孩子的發育不全、性早熟，甚至會被同儕排擠而影響人際關係，問題不是只有表面上看到的減肥那麼簡單，我們還可以解決還沒有發生的問題。

▲ 跟著我一起實踐：「#YESWECAN 新三好運動！」
正確飲食一好！
正常作息一好！
適當運動一好！

這些人都成功了，還有什麼人不能成功呢？

許多人因為減重而帶來的額外好處，讓他們更認識自己的身體，找到平衡的相處方式，也讓他們明白身體健康的重要性，像有些受孕困難的人在減脂的過程中懷孕，這種喜悅比中樂透頭彩還要開心；在甩除了身上不必要的體重之後，他們的身體也走向更良好的狀態。

減脂如果可以成為全民運動，我們真的可以提升台灣的競爭力，它會讓我們的人口更年輕、更活躍，生育機率更高。

在減脂的過程中，可能會有些飲食上的調整、改變，但不代表你就要完全忌口，我們還是有很多聚會、吃大餐的機會，如果你的脂肪代謝機能達到平衡，恢復正常，享受美食並不是問題。

如果要為了要瘦身、要減脂，就得拒絕美食、忍受飢餓，過著地獄般的生活，那也不是我們所要的。

我的老師說「人們之所以得不到他們想要的，只有三個原因：不知道、不相信、不行動。」

很多人做不到，是因為他們不知道；但很多人明明知道了，卻不願相信，所以得不到；有些人知道了、相信了，還不採取行動，那誰都幫不了他。

我們可以透過正確的飲食、適當的運動，良好的作息，讓身體恢復健康，透過營養干預，讓你的脂代謝機能恢復正常，同時讓內臟脂肪含量降低，這時候再加上運動鍛鍊，一定讓你再次回到十八歲時的曼妙身材。

獨立的個體　找回身體的「平衡」

沒有一項產品、一個方式，就適用所有人，經驗豐富的教練，會針對不同的狀況，給予不同的指導跟建議。

我們常說每個減脂下來的學員，都是我們驕傲的作品，因為他們 100% 相信我們，把自己交給我們，由教練來協助他們。但是，光靠專業的教練並不夠，決定權還是在學員身上。所以能不能 #YESWECAN！取決於學員的意願與態度。

六歲跟八十四歲的減脂方式不同，男生跟女生的減脂方式也不同，正常體況的人跟有糖尿病的人，減脂方式也不同。

有的人身體可能較遲鈍，今天吃的東西，要兩、三天後才會合成，可是有的人是今天吃、明天就合成，每個人的機轉運作都不一樣。

甚至每個人的體質也不一樣，有些人的身體較敏感，持續的低熱量飲食，會讓他的身體基礎代謝率降低，不重要的功能就會暫時被關掉，因為要阻止脂肪流失，保留熱量來支撐像是心臟的跳動，大腦的運轉、肺部的呼吸、腸胃的蠕動等等。

等到有足夠的熱量一進來，身體就會像飢渴很久的動物，竭盡所能地把所有熱量抓下來，這就是為什麼很多人在節食減肥之後，一旦恢復正常飲食，馬上復胖反彈。

我們的工作就是幫助學員們脂代謝機能正常，就是達到身體的「平衡」，不用為了減肥而利用不當的方法讓身體失衡。想要減「脂」，首先，要加速分解已囤積的脂肪，同時降低脂肪合成的速度；讓脂代謝的機能恢復正常，才能減「重」，達到目地。

你，真正了解你的身體嗎？如果你不了解，何不讓這些經驗豐富的教練，走進你的生活，來看看你在哪個環節進了誤區？總比自己胡亂摸索猜測來得強！相信在跟我們配合減脂的幾個月間，你會更認識自己，更認識脂肪，健康減脂從照顧好自己開始，#YESWECAN！

Tips

- 保持心情興奮愉悅
- 戒糖多喝水
- 用頭腦吃東西

如何聯繫我

FB 粉絲團：

非愛不可張為堯

Chapter 2 —— 創造由我，寫出生命新篇章

Chapter 3 ——
亮麗與健康，YES 贏者全拿！

Chapter 1 —— 翻轉人生，許自己一個機會

Yes, we can!

相信幸福
自己掌握
才有機會 彩繪人生

林彥汝 Sunny 教練

自己的人生要自己創造，自己的幸福要自己掌握。做任何事情，一定要先給自己一個機會，嘗試，才有成功的機會。雖然努力不一定會成功，但如果都不努力，一定不會成功。不論是減肥、感情或工作，只要願意給自己一個新的機會，就有機會成功。

過去十幾年我經歷過投資失利、負債、乳癌、右腳骨折差點坐輪椅、過度肥胖而導致疾病，感情失敗、家人過世、工作上的不順，這些挫折曾經讓我一度迷失了自己，覺得被世界拋棄，進而自暴自棄。而現在我找到了自己的方向，感受到了美好，我希望讓大家知道，只要肯跨出去，許多美好，其實就在你身邊。

工作上的壓力，用吃和購物來發洩

跟大多數的年輕人一樣，年輕時我懷抱著許多夢想，還在學校念書的時候，滿腦子就想趕快畢業去工作賺錢，有了收入就可以彩繪自己的人生。當時的我，從來沒有好好珍惜在課堂上學習的機會，心裡只想著這堂課老師如果提早下課或不點名那該有多好，人雖然坐在教室，但心早已飛到九霄雲外。

上課常望著窗外的天空作白日夢，就是我當時的寫照，就這樣渾渾噩噩，白白浪費了青春歲月的求學時光。

因為在學校主修的是會計，所以畢業後順理成章的往會計領域及金融業謀職，銀行的工作是許多人心中認為的金飯碗，但近年來因為產業高度競爭造就成那裡是個極大壓力的工作環境。工作就是在不停的考證照以及每天業績檢討、和加班中度過，下班幾乎沒見過夕陽只能看到星空。

工作上的壓力，我用吃和購物來發洩，每天上班和同事相約吃個午茶已成為一種習慣，就算不餓也要一起買。吃到最後，我好像有食物來就可以往嘴裡塞，到最後似乎連吞蟲卵都有潛力可以做得到。

不正確的飲食習慣，把自己吃到過度肥胖，也因此在日後產生各種慢性病；當時錯誤的金錢觀，也讓自己過度消費並忽略投資風險，以致產生高額負債。最後我就變成為了生活，每天上班行屍走肉，賺多少花多少，口袋空空對未來沒有期盼的月光族。

但我很慶幸，我願意給自己一個機會，讓自己有面對恐懼的勇氣，並且努力去突破困境，所以今天我才有機會成就現在更好的自己。

乳房惡性腫瘤，我要活下來！

我得癌症的時候，才三十多歲，一開始我真的很不能接受，內心非常煎熬，質疑自己、否定自我的聲浪不停的冒出來，覺得我到底做了什麼，老天爺要這樣對我？會知道自己得了癌症，是因為我發現自己的身體變差了，那陣子，不僅感冒很頻繁，而且還一直好不了，讓我起了疑竇，因為不想讓家人擔心，就自己去醫院做檢查。

檢查出來發現是乳房惡性腫瘤，我整個人如同晴天霹靂，當場就在醫生面前哭起來。就像電視上演的，哭著對醫生喊著，我還不想死、我要活下去！現在想起來，真的很戲劇性。

不過醫生可能看多了這種場面，他很冷靜的對我說，你還年輕，只要你願意，你可以做所有最積極的治療。我帶著不安的眼神，含淚看著醫生問，什麼是最積極的治療？醫生說：就是我們平常所知道的化療。

雖然那時候感覺世界都在背叛，但我內心還有一個小小的聲音，那就是我不想就這樣子，我要尋求可以讓自己活下去，可以過得更好的機會。

於是，我開始配合醫生，積極的做治療，雖然我被發現的時候，是乳癌

第一期，恢復健康的機會很大，但內心還是充滿恐懼，而在那時候，資深藝人文英得了肺腺癌第四期，並且開始治療，雖然她是第四期癌症，而我是第一期，但還是會關注同樣身為癌症的人。

結果我化療才到一半，她就離世了，雖然她是藝人，而我只是個平凡人，但那時候，真的帶給我很大的心理壓力。因為我不曉得，每晚當我入睡後，還有沒有機會再看到明天的太陽。

我還不想死，可是我不知道結果會怎樣？加上化療的過程其實很痛苦，我之前已經離開了標準身材，那時候反而快速發胖。我已經得了癌症，照理說，這時候更要保持自己的健康，可是我那時候內心孤單，加上已經迷失了自我，每次化療後，就會再胖一、二公斤。

不只健康，連親愛的家人也失去

化療真的很痛苦，那種痛苦，就像是一場生離死別的硬仗，當時我整個口腔都是破皮，連吞口水都會疼痛，更何況是吃東西？但是，我那時候還是很強烈的想著，我要活下來！我不甘心還沒享受到這個世界的美好，就這麼離開！所以嘴巴再痛我都要吃東西，結果反而是吃進過量的食物。

治療期間就這麼吃了，等到治療告一段落，嘴巴不再破皮之後，我吃得反而更多，完全把醫生的叮嚀拋到腦後。在確認罹患癌症的那一年，我的右腳又剛好骨折，瞬間覺得人生在絕望低谷，我假裝正面，但實際上內心卻非常痛苦。

去年我母親倒下的時候，我趕到醫院，連她的最後一面都沒有見到，這件事給我很大的遺憾，我不停的自我懷疑，為什麼我這麼的努力，生活上還是如此不順？不只如此，還失去了健康；不只健康，連親愛的家人都失去了，連我最愛的美食和電影，都引不起我的興趣。

那陣子我常一個人眼神空洞坐捷運到處晃，但卻不曉得要在哪一站下車，我常想著老天爺為什麼要這樣對我，我的人生還會有什麼遭遇？

所幸，那時候有個好朋友，同時也是我非常心儀的對象，他給了我強大的動力，他不但鼓勵我要讓自己健康瘦下來，也鼓勵我重回校園，把過去求學時期沒有認真學習的遺憾彌補回來，他的話讓我感受到無窮的希望。

雖然振作起來的原因好像很膚淺，但如果連我胖到自己都不喜歡自己時，又要如何好好的愛自己？所以我反而更感謝老天，在我的生命當中，出現這樣的一個人，因為他的鼓勵，帶給我強大的能量，也讓我成就更好的自己，那股想要讓自己變更健康、美麗的強大信念，讓我在這次瘦下來的過程中，一點都不覺得辛苦，反而還覺得在努力的過程中特別帶勁。

用愛來看待這個世界

除了瘦身，由於有他的鼓勵，我有了圓夢的勇氣和無比的動力，我想要找回從前那個曾經健康、快樂的自己，我要成為一位健康漂亮又有自信的甜姐兒。

很幸運地，在這個過程當中，我遇到了對的老師和好的教練，因為我以前肥胖的時候，當然也想過要減肥，和所有愛美的女孩一樣，為了瘦下來，我嘗試過無數不一樣的減肥方法，針灸埋線、中藥調理、西醫打針吃藥、減肥油、減肥燃脂霜、以及斷食療法。

因為愛漂亮，甚至不怕死到連來路不明的減肥藥我都吃過，我一直想讓自己瘦下來，但過去因為沒有用對方法，所以在瘦下來之後，又開始復胖，我在這輪迴當中差點走不出來。

現在，我不但找到了正確的方法，也找回了健康漂亮的自己，我發現我對自己更有自信，跟別人說話時不再尖銳，並學會傾聽別人心聲。也因為正向能量的影響，讓我有信心再重回校園，繼續我未完成的學業，也再圓了一個我未完成的夢想。

後來的我，是用「愛」，在看待這個世界。

回首往事，雖然那段時間，我非常痛苦，但我也很慶幸我走過來了。我深刻的覺得，有時候，人真的要推自己一把、逼自己往前衝，脫離那個環境，如果不這麼做，你根本沒有辦法突破。

我現在不只走出低潮，就連身材也到達我想要的地步，轉念之後，新的力量不斷的湧進來。我很幸運在不同的階段、不同的領域，遇到不同的老師，這些老師有的可能很有知識涵養，或是人生哲理非常通透，但他們都有一個共同點，就是他們都充滿了正面能量。

信念，可以讓人產生力量

以前一個管理學的老師就曾經跟我說過：「信念，可以讓人產生力量。」「你一定要相信自己做得到，給自己一個機會，你去嘗試了，才有機會成功，我覺得這句話適用在任何事，包括減脂、學業、追求所愛的人，或是爭取想要的工作，你要相信自己，才有成功的機會。

現在的我知道接下來的人生要怎麼走，同時也協助我的學員在管理健康這個方向前進，讓他們的體脂率恢復到正常體況的範圍，甚至連最難降的內臟脂肪也降到健康標準值，我就很開心。

每次聽到學員對我說：「謝謝教練，我成功瘦下來，而且變得更健康了！」雖然只是短短的一句感謝，但卻在我心裡激起一股暖流。學員的真心感謝對我來說是無價的，也是最大的回饋。在這當中，我也看到有些學員

林彥汝
ID:25978
減脂/kg
7.6
減重/kg
11.7
減脂前
減脂後
2018年05月06日
2018年08月24日
體重：53.5 kg ➡ 41.8 kg
脂肪：16.7 kg ➡ 9.1 kg
體脂率：31.1 % ➡ 21.7 %
內臟脂肪：9.0 ➡ 4.0

因為減脂的進度不如預期，而有放棄的念頭，其實我相當不捨。

我不只協助學員，擔任減脂輔導，更重要的是他們的心靈關懷，我明白一個人沒有自信的時候，心裡其實有多孤單，我想讓他們知道，其實，你不是一個人，只要願意敞開心房，會發現有很多人願意陪你。

我除了希望學員們瘦下來，也希望他們在尋回健康之後，可以多多關心身邊的親友的健康，才不會讓自己有所遺撼。因此，我努力做好自我管理，並以身作則，因為我發現，教育之道無他，不過愛與榜樣而已。

Tips

- 放輕鬆，並保持心情愉快
- 多喝水，每天喝足 2500c.c 至 3000c.c 的水
- 低升糖飲食，盡量選擇原形食物，減少加工食品的攝取比例

如何聯繫我

林彥汝 Sunny 教練

微信：sunnylin1222

FB：林彥汝

Line：請掃描 QR CODE

IG：sunnylin1222

#YESWECAN・減脂小學堂

第一堂課：認識七大營養素

人體必須七大營養素：

水、蛋白質、脂肪、碳水化合物、礦物質、維生素、纖維素。

水

水是地球上最常見的物質之一，也是生物體最重要的組成部分。人體內的水分，大約佔到人體體重的百分之六十五。人體一旦缺水百分之一到百分之二，會感到渴；缺水百分之五，口乾舌燥、意識不清；缺水百分之十五，心跳急促、意識幾近消失；缺水百分之二十，則會暈倒。在完全沒有水分攝入的情況下，人很難活過三天。

水的重要性僅次於氧氣。人體所有代謝反應都發生在水介質中，每天大概需要兩千五百毫升的水。

蛋白質

蛋白質是組成人體一切細胞、組織的重要成分，它是維持生命不可缺少的物質，蛋白質約佔人體全部質量的百分之十八。人體中的血液、肌肉、神經、皮膚、毛髮等，都是由蛋白質構成的。

脂肪

脂肪對生命極其重要，是細胞內良好的儲能物質，主要提供熱能，保護內臟，維持體溫，協助脂溶性維生素的吸收，參與身體各方面的代謝活動等。

碳水化合物

碳水化合物是生命細胞結構的主要成分及主要供能物質。人體一旦缺乏將導致全身無力、疲乏、血糖含量降低，產生頭暈、心悸、腦功能障礙等症狀，嚴重者會導致低血糖昏迷；一旦過量則會轉化成脂肪儲存於身體內，導致肥胖，甚至引發高血脂、糖尿病等各類疾病。

礦物質

礦物質是人體內無機物的總稱。礦物質和維生素一樣，是人體必需的元素，主要包括常量元素和微量元素，也是人體代謝中的必要物質。

維生素

維生素又名維他命，雖然它既不參與構成人體細胞，也不為人體提供能量，卻是人和動物維持正常的生理功能所必須的一類微量有機物質。維生素是酶參與催化的輔助因子。因此，維生素是維持和調節身體正常代謝的重要物質。

纖維素

纖維素是一種重要的膳食纖維，是自然界中分布最廣、含量最多的一種多糖，佔植物界碳含量的百分之五十以上。

纖維素分水溶性和非水溶性兩類。非水溶性纖維素可刺激消化液的產生和促進腸道蠕動，吸收水分利於排便。

人生重新 Reset

健康 是 孩子堅強後盾

黃逸煊 Eason 教練

我相信世上所有有著前世情人的父親，一生中最重要的一件事，就是穿著筆挺的西裝，為她披上最美的白紗，帶著寶貝女兒站在紅毯上，走向人生另外一個階段，將她的手交到另外一個男人的手上，繼續前往下一站幸福！

這幾公尺的紅毯看起來好像是時間到了就能達到，但對我來説，卻有可能是不可能的任務。因為我有二型糖尿病，如果不好好注意健康，也許我會坐在輪椅上，完成這件作為父親與女兒一輩子最美好的事。

對我來説，如果沒有健康的話，我又如何當孩子們堅強的後盾？

醫生要我瘦到六十八，糖尿病可能不用吃藥

年輕的時候，我並沒有意識到我以後可能會成為一個糖尿病患者，當時的我除了年輕，還會運動，覺得就算吃再多也沒關係，即使後來發福，我還是沒有太大的警覺。

會知道自己的身體有狀況，是有一天覺得自己很累，整個人像快要暈倒，老婆就叫我在家裡先拿爸爸的血糖機測量一下。不量還好，一量真的差點暈到，我的空腹血糖值竟然高達二百六十？當時的我還有點不可置信，

雖然我的阿公阿婆叔叔爸爸全部都有，第二天，我就趕快去醫院檢查，確診是二型糖尿病，一直吃藥吃到現在，已經吃了八年。

剛開始的時候，透過跟醫生配合，吃藥控制下來，每次去檢查的時候，判斷糖尿病的糖化血色素都一直保持在六點九至七，我就開始鬆懈下來，從原本的八十公斤，一直到後來的八十七公斤。

後來會想要減重，是因為慢性病每個月都要去醫院檢查拿藥，直到我的糖化血色素數值從六點九，一路攀升到八點一，醫生就警告我再不節制飲食，一直肥胖下去，可能要換更強的藥物，最糟糕的情況，打胰島素去控制也是有可能的，這時候對我的衝擊，比八年前確診糖尿病的衝擊更大。

其實我本身滿喜歡運動的，但有一次跑馬拉松的時候，想拿到好成績而造成膝蓋受傷，後來只要跑超過三公里，膝蓋就痛的受不了，慢慢就荒廢了運動，我雖然有二型糖尿病，但一直以來都有鴕鳥心態，認為只要有吃藥就可以控制，就疏忽了健康控管，才讓自己胖起來。

我突然想起八年前曾經問過醫生有沒有可能不要靠藥物控制？醫生回覆我，只要我瘦到六十八公斤，就有可能不用吃藥。

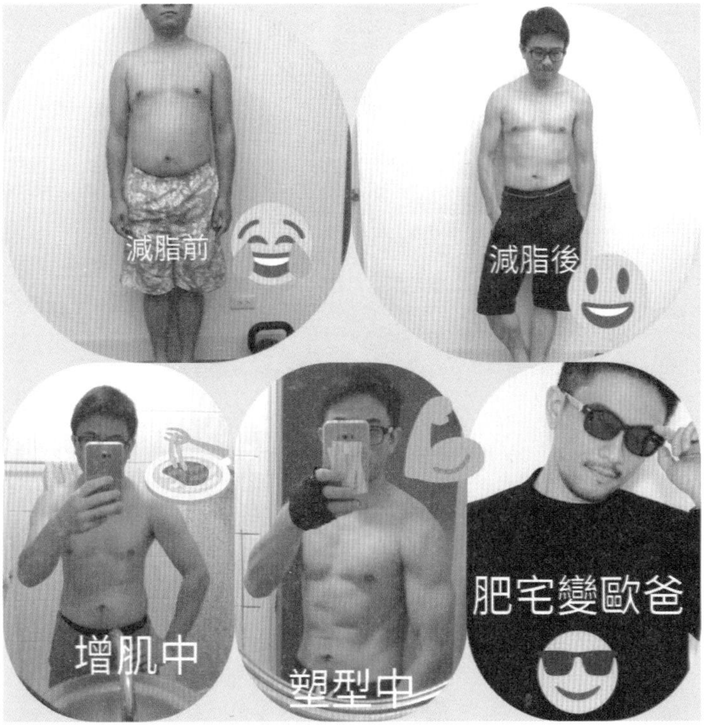
減脂前
減脂後
增肌中
塑型中
肥宅變歐爸

減脂前的大叔

減脂後的帥歐爸

而會開始真正減重，是因為我太太，她的朋友是科技減脂教練，透過改變飲食習慣及內容，就把一位體重從九十幾公斤，有痛風，而且不運動的朋友，健康的減到七十公斤，身體健康狀況得到很大的改善，她叫我試試看，我是個鐵齒的人，想說光靠飲食控制不運動怎麼可能，妳辦到再跟我說吧！

結果當我看到我太太肚子那圈肥肉日漸消失，我看到了生命中的一道曙光，我主動跟她開口，說我願意試試。於是我踏上了班傑明的奇妙旅程。因為男女身體構造的不同，減重的療程我必須要控制我的血糖，營養也要充分，我像神農嘗百草一樣，嘗試不同的食材與血糖值的影響程度，並配合教練的指導，我瘦得比我太太還要快，身體狀況也非常好，人也愈來愈有精神。

我除了詫異它的效果之外，我還上網去查許多相關知識，發現這次的減重方式及原理是非常健康，而且是可以執行一輩子的健康飲食觀念，現在的我一直維持在七十公斤，我也很開心的享受美食，我不但沒有復胖，每天測出來的血糖值都很正常。

糖尿病要停藥需要半年的追蹤，當然第一步先從減藥開始，我期待著那一刻的到來。

守護與家人的承諾，我是超人爸爸

在醫生跟我提到我的血糖失控的時候，我想到在糖尿病的慢性併發症中，足部病變是常見的，它泛指發生在病人足部的血管、神經、及皮膚病變，我的祖父就患有糖尿病足。另外，糖尿病視網膜病變主因也是糖尿病未妥善控制時，會造成視網膜微血管代謝不正常，引起玻璃體出血，就會產生視力不良及出現許多黑影的症狀，最嚴重時會造成失明。

我有兩個可愛的小孩，我完全沒辦法接受我以後可能會沒辦法看到他們，或是牽著他們的手在草地上奔跑。身為一個有女兒的爸爸，我覺得牽著女兒的手，走進禮堂是一輩子非常非常重要的時刻，我不想像電影《世界末日》，女

主角結婚的時候，她的父親只有一張照片擺在旁邊。

那天跟醫生聊完之後回家，我看著孩子熟睡的臉龐，心裡暗暗發誓，爸爸一定不會被糖尿病打敗！因為這次糖化血色素飆升的關係，所以我下定決心減肥來改善我的病情，但更強的動力，是因為我自己的孩子與家人。

之前我在減重時，帶著孩子去看《超人特攻隊二》，我的兒子就跟我說：「爸爸，你跟那個超人爸爸一樣強壯嗎？」我說：「爸爸很快就會變的跟超人爸爸一樣強壯的。」

小孩不知道我有糖尿病，他們只知道我身體愈來愈強壯。我為了拉長與我家人相處的時間。為了將來能夠不要再靠藥物過下半個人生，我不斷吸收新知，知道想要終身減藥的話，就要靠重量訓練提升身體的代謝能力。在國外，有人辦到了我相信我也可以的。

配合教練指導減脂的時候，我只做一些簡單的運動，像是散步，等我減到我的標準體重時差，就開始做超人爸爸的重量訓練，不知不覺，身材也愈來愈好了。

我在重訓的時候，我的小孩還會跑過來，好奇的一直說，爸爸我可以看

你的肌肉嗎？我也很大方的向他們展示我重訓的成果，他們好奇的把手放在我有點雛形的肌肉上天真的説，爸爸你真的變成超人爸爸了耶！

我的孩子也把我當偶像，不只是我瘦身、練身體，我去接他下課時，他都會跟他的同學講，這是我爸爸，我爸爸煮飯很好吃的。能夠當小孩子的偶像，我心裡不免有為人父的驕傲。現在我瘦下來了，有時候去接小孩時，還會再穿得更有型一點，因為我是他們的偶像。

現在只要我有時間我都會對孩子説，爸爸帶你們去公園運動，不管是溜直排輪還是滑板都難不倒爸爸的！

我想陪著家人，完成他們生命中每一件重要的事，我想用自己最棒的一面，牽著女兒的手進禮堂走紅毯，我還想著跟兒子一起打球、運動，我還想天天跟著老婆一起手牽手散散步，看著孩子在前面奔跑，悠閒的喝杯咖啡享受無負擔的人生。

糖尿病對我來説就像體內有個無形的炸彈，如果引爆，將會造成截肢或失明，那麼這些簡單的願望都是無法完成的，現在的我透過健康管理，將這個無形的炸彈摘去，給我的家庭一個幸福的未來。

身體的內在對話，健康重新來

二型糖尿病雖說是先天性遺傳，但也可以不至於發作，現在我的孩子還小，我就開始灌輸他們正確的飲食觀念。說真的，「肥胖」都是靠嘴巴吃出來的。我在減脂的時候，每次想要逞口腹之欲，看看自己的小孩子，我就忍下來了。

如果你連自己的嘴巴都不能控制了，那你還能控制什麼？現在我已經減脂畢業了，身為教練的我，除了幫人家減脂，更希望幫助那些跟我一樣有糖尿病的人找回健康。不要像等到身體抗議，那時已經太晚了。

我身邊有許多朋友會覺得說，雖然胖胖的，可是也沒什麼影響，其實身體很多地方出問題時，你不會發現，等到身體開始跟你們對話抗議，就是蠻嚴重了。我發現有些身體都是出了狀況，比如血管堵了超過五成，才會檢驗出高血壓，在這之前，根本不會想到身體早已出了狀況。

現在許多跟我一樣三、四十歲的人，就有糖尿病，而這時候，往往是人生的顛峰，如果健康垮了，也就失去了家庭或事業。我有學員也跟我一樣有糖尿病，在這方面，我已經算是學長了，我會教他們怎麼吃，去分析他們的數字，特別註明要他們測試血糖值，我再以經驗跟他們說要怎麼改善飲食。有些學員數字起起伏伏，我就會加強點醒他要記得要注意飲食。

我在醫院看到太多的糖尿病患者了，九成以上都是胖子。而二型糖尿病，近幾年的報告都指出，只要控制體重，將體脂肪下降，就有可以逆轉的機會，值得開心的是，我在四十歲生日的這個月，血檢報告出來了糖化血色素從八點一降到六，我的醫生跟我說你正式畢業了可以不用再吃血糖藥了，只要定期回來追蹤就可以了，是的我成功逆轉了二型糖尿病！

我現在還會去研究資料，上網也好，去圖書館也罷，怎麼樣能為了健康好，就去執行。不僅為了自己，也為了我們所愛的家人。除了改變飲食之外，我還有練重訓，在健身房裡有一句話：「三分練、七分吃」，所以你只要吃對東西，練重訓起來，就可以事半功倍。現在的我，在飲食上，份量跟內容都還滿豐富的，只要透過正確的飲食觀吃下來，也不會有復胖的跡象，切記所有的肥胖都是嘴巴吃出來的。

我想要逆轉自己的人生，就要從飲食開始再搭配適當的運動，雖然說先天性的基因，會讓人覺得隱憂，但就像一台電腦，當病毒入侵、系統出錯，需要消毒重置時，那就重新開始吧！

健康的身體不僅僅是自己的財富，更是全家人的幸福指數。對一個二型糖尿病患者來說，只你願意踏出這一步，就可以和我一樣重新看見這個世界，人生可以是彩色的。

Tips

- 少量多餐七分飽，低GI飲食，一天至少攝取六百克以上的蔬菜
- 盡量吃食物的原型，少吃加工食品。像魚肉跟魚丸，豬肉跟貢丸，就盡量選擇前者
- 吃燕麥。燕麥的營養價值高，具有水溶性纖維、蛋白質，熱量也很低

如何聯繫我

黃逸煊 Eason 教練

微信：eason671004；sharine9758

Line：eason671004；sharine9758

FB：黃逸煊

IG：eason671004；sharine9758_chang

#YESWECAN・減脂小學堂

第二堂課：三大能量物質的相互關係

蛋白質、脂肪和碳水化合物三大營養素除了各自有其獨特的生理功能之外，還都是產生能量的營養素，在能量代謝中既互相配合又互相制約。例如，脂肪必須有碳水化合物存在，才能不至產生過量酮體而導致酸中毒。

碳水化合物和脂肪在體內可以互相轉化、互相代替，而蛋白質是不能由脂肪或碳水化合物代替的。但充裕的脂肪和碳水化合物供給可避免蛋白質被當作能量的來源。當能量攝入超過消耗，不論這些多餘的能量是來自脂肪還是來自蛋白質或碳水化合物，都會轉化成脂肪積存在體內，從而導致肥胖。

碳水化合物、脂肪、蛋白質被人體消耗的順序也不一樣。簡單來說，就相當於我們現金、家裡的存摺和房子，如果去買菜，我們最先動用什麼財產？一定不會把房子賣了去買菜吧？最先動用的一定是口袋裡的鈔票。所以身體的三種能量物質不管你做什麼運動，首先消耗的肯定是碳水化合物。當口袋裡的現金（碳水化合物）耗竭了，不得不去存摺裡取，這時候脂肪就開始被消耗，當脂肪上的錢接近耗竭後，才會動用不動產（蛋白質）。

節食減肥一開始效果會比較明顯，其實身體在這個階段消耗的是碳水化合物而不是脂肪，一旦稍有放鬆體重就會反彈。過度節食減肥到最後消耗的則是蛋白質，會出現暴瘦、厭食症等不健康狀態。營養學家認為，如果刻意節食，身體就會處於低營養狀態，長期處於低營養狀態勢必會使器官本身呈現慢性飢餓狀，使臟器機能失常。

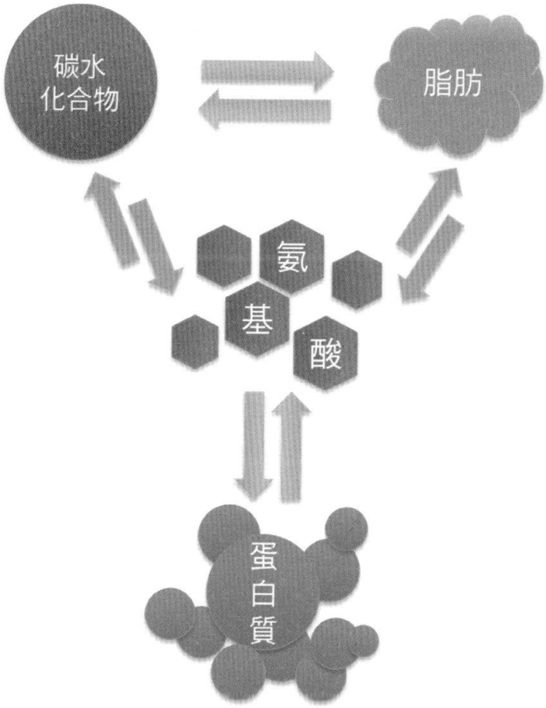

▲ 人體三大能量與物質的關係

再見囉 胖妞
我們 不再相見

黃瓊惠 Sarah 教練

從有記憶以來，我讓自己胖到不成人形，第一次是因為懷孕，懷孕我解讀成是身體的自然變化，為了傳宗接代，不得已的！第二次就真的是因為戒不掉的吃吃吃，完全是自己吃出來的。當我變胖的時候，面對別人自以為幽默的嘲笑，我雖然說不在乎，一直安慰自己，其實胖胖的也可愛啊。但其實在潛意識裡，那個內在的我早就受重傷了。

我也曾經像「人體減肥實驗機」一樣，四處想方設法要變瘦，不停試用各種減肥方式，瘦一胖三，瘦二胖六……。當時的我沒想究竟是原因，只覺得如果這個方式對我沒效的話，那就再換下一個！

正在翻閱這本書的你，是否也遇上了跟我一樣的減肥實驗困境？請千萬不要放棄，看看我現在的模樣，我的終極實驗成功了！新生的我，已和過去那個肥胖的自己約定，再也不相見。

無感的緩慢吹氣球人生

唸五專的時期，我超愛打籃球的！可以從早打到晚，從白大打到黑夜，中午頂個大太陽也在打！平常的運動量大，打球前，我可以吃五個紅豆奶油麵包，下課時也是零食不斷！但仍然能維持體態。一直到出了社會，第一份工作是在電視台擔任綜藝節目的幕後，作息很不正常，剛開始可能吃得少，工作又忙，體重並沒有太大變化，沒想到，這一切就是惡夢的開始。

不知是從什麼時候，我感覺自己好像愈來愈胖了。演藝圈的人都很瘦，所以即便我的身高一六六公分，五十三公斤的體重在他們眼裡還是覺得胖。後來的工作性質都屬於內勤工作，久坐不動慢慢，起點是六十公斤，當時大約三十歲的我，總覺得沒什麼關係，衣服穿寬鬆一點就好。

沒想到三十歲過後，體重也跟我的年齡一樣，一去不復返！後來短暫談過幾場戀愛，也都是幸福肥收場。熱戀期一起吃飯吃宵夜超甜蜜，分手後吃更兇，狂吃發洩失戀的情緒。一直到遇到現在的老公、常常一起打球，一起遊山玩水，當然也會一起吃一起喝，尤其是超級甜點控的我，遇到可愛精緻的蛋糕，更是無法抵擋啊！在準備結婚之前，已經不知不覺增肥到六十八公斤了。

穿上幸福的白紗，是每個女生從小的夢想。但，我當時那個痴肥的樣子，怎麼能當美美的新娘呢！想到親戚朋友的異樣眼光，不禁打了個冷顫！

從小，我可是可愛身材曼妙的小公主呢！當時我請老公給我半年的時間減肥，一定要瘦下來才願意結婚。當時很流行西醫的「雞尾酒療法」，每天吃一大把藥丸，在半年內瘦了十六公斤，回到唸書時期的五十二公斤，就開心地拍婚紗留下美好的回憶。那時的體態其實比現在還胖，雖然體重和現在差不多，但感覺還是有點肉肉的。

試不停，人體減肥實驗機

從學校畢業到結婚前，其實我並不是沒有察覺自己變胖了，和女同事之間也會一起研究些減肥方式，花大錢的、花小錢的，各種奇怪的減肥法都曾經試過，我把自己痴肥的身體，當成一部「人體減肥實驗機」，只要看到廣告說會瘦，或是某人介紹說這個可以減肥，我都會立即去試！

我曾經一整個星期只喝蜂蜜水，也曾經一連三天只吃蘋果；我也看書試過「鳳梨木瓜減肥法」；只是去郵局寄個信，也可以跟門口的攤子買纖體錠；陪媽媽去菜市場買菜，看到可以拉油的酵素梅，毫不猶豫的買了二斤回家。以上瘋狂的減肥行為，每次都可以減個一、二公斤，但一恢復正常飲食，就會胖三、四公斤。

射手座膽大心粗的我，連泰國減肥藥都吃過。那個經驗很恐怖，網路賣家寄來的藥袋是用透明夾鏈袋裝的彩色藥丸，從包裝上完全沒有來源跟成分，這樣子的減肥藥一個月也要花將近五千元。吃了以後雖然真的有變瘦，但每天都感覺心悸、頭暈想吐，現在回想起來，真是替自己捏把冷汗。

當年結婚時五十二公斤，一結完婚，整個大放鬆，又開始沒有節制的吃！婚後懷了蜜月寶寶，半年後去產檢時，體重又逼近六十公斤，上升速度超快！加上我整個孕程都沒有孕吐，食慾超好，從懷孕一直到要生產前，整整胖了十九公斤，到待產室的時候，一站上體重計，看到指針幾乎到八十公斤的刻度，我嚇傻了，頓時連生產前宮縮的痛都忘了。

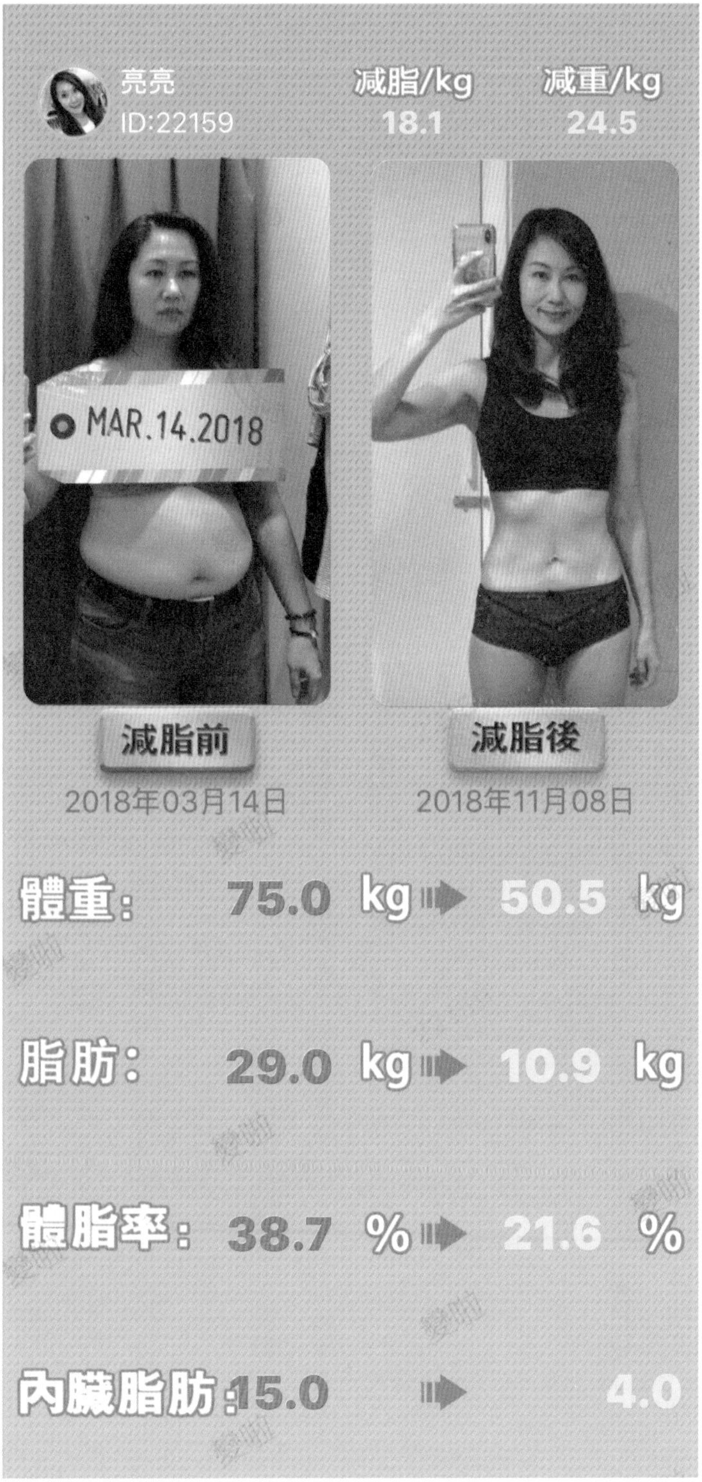
亮亮
ID:22159
減脂/kg
18.1
減重/kg
24.5
MAR.14.2018
減脂前
2018年03月14日
減脂後
2018年11月08日
體重: 75.0 kg 50.5 kg
脂肪: 29.0 kg 10.9 kg
體脂率: 38.7 % 21.6 %
內臟脂肪: 15.0 4.0

新手媽媽手忙腳亂，沒日沒夜照顧小孩。整個注意力都在兒子身上，加上餵母奶，所以在兒子一歲之前，我曾經瘦到六十二公斤。為了能再更瘦一點，又去瞎搞了很多奇怪的減肥法。全都徒勞無功，加上是新手媽媽的我，沒有帶過小孩，整天精神一直緊蹦著，人變得很焦慮，這時才發現自己產後憂鬱非常嚴重。每天跟著小孩一起哭，很無助的感覺，一直到現在都還記得。

當時住台中，每天婆婆會煮飯給我們吃，料理時的調味也很清淡，但無奈的是，我是個習慣重口味的吃客體質，一直照自己的喜好狂吃。心情沮喪，壓力大就抱著蛋糕盒，發呆看著電視，邊看邊哭邊吃！

回歸職場，羞辱的開始

後來回到台北居住，媽媽幫我帶小孩，讓我可以安心出去工作，那時兒子才一歲多，二度就業的我，找工作是一個大挑戰！六十幾公斤的肥肥樣，怎麼找得到工作呢！履歷表上，當然是放結婚時瘦瘦的大頭照呀！當時面試錄取的公司主管，在面試後，還特別嘲笑我說：「小姐，妳大頭貼，也騙

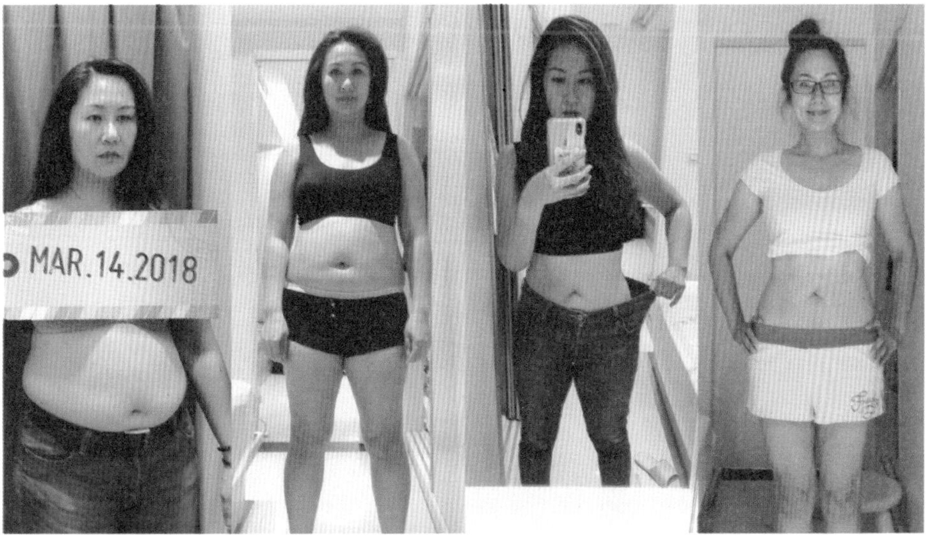

太大了吧！」

重新回到職場後，做的是業務性質的工作，上班時間彈性，跟著男業務東奔西跑，邊工作邊到處吃喝。等到要離開業務工作的時候，我已經比懷孕生產時的體重還更胖，但我打死也不肯承認自己已經八十公斤，硬要拗說七十九點九！

在一個很巧的機會之下，我回到婚前的貿易公司上班，當初離開時，我還很瘦很美的小姐身材，幾年的時光，我變成七十九公斤的肥婆！心裡的壓力又來了，我心想，慘了！我要怎麼面對之前的同事呢？他們一定會笑我的！心裡的小聲音不斷，讓我處於無限焦慮的迴旋之中……。

從面試完到上班還有一個月的時間，我努力讓自己瘦下來，每天跑步、快走三餐只敢吃幾口食物，這樣堅持一整個月，減到每天都頭暈精神不濟，硬是瘦下三公斤。第一次回到公司開會，交情好的老同事，看見我的外貌變化這麼大，還開玩笑地說：「妳怎麼變成一隻豬回來！害我還跟人家講，妳有多漂亮多迷人！」

同事們雖然不敢當面取笑我，但那些背後的嘲笑或議論，其實我都知道。從那時候開始，我就變得愈來愈沒有自信。每當別人跟我打招呼的時候，就會在心中胡思亂想，懷疑對方是不是在笑我很胖？

可怕復胖惡夢，摧毀意志

有一陣子，台灣啤酒推出水果口味，我跟老公都很愛喝，就一箱一箱的買，各種口味都買回家喝，等小孩晚上睡著後，就是我們夫妻的「開喝」時間了。

有時吃燒烤，有時吃鹽酥雞，搭配好喝的水果啤酒，嘴巴雖然在吃吃喝喝，腦中卻有聲音在說：「不行！都已經這麼胖了，不能再吃了！」心裡想要改變，但身體並沒有動力去做。

某一年尾牙前，和同事一起比賽減肥，我用少吃多動的方式，努力瘦到六十幾公斤，就再也沒辦法繼續瘦下去，看起來依舊是個肥肥壯壯的中年婦女。我還加入跑步社，為了想變瘦，一個月跑一百公里，每天上班前都努力地跑八公里，雖然一個月瘦三、四公斤，但是一停止運動就又復胖，甚至更胖。

表弟瘦身成功，重燃心中鬥魂

二〇一七年年底的時候，我從臉書上突然發現幾年沒聯絡的表弟，某天站上體脂秤宣告要減肥，那一瞬間，我嗅到了減肥的味道，我的大腦立即把休眠已久的「人體減肥實驗機」瞬間啟動。我什麼都沒問，連吃的喝的擦的都還搞不清楚，就跟表弟說，不管你用什麼方法，我！也！要！

表弟瘦身成功，他身高原本就超過一百八十，體重破八十公斤，高高壯壯的，但體脂肪偏高。他成功的減了十幾公斤，讓我燃起了希望跟鬥志！我從二〇一八年的三月中，開始認真執行這個計畫。才四個月的時間，就減了二十二公斤，體重從七十五公斤到五十三公斤。達標之後，我繼續按照這套健康飲食、規律生活的大方針，又瘦了二公斤。

瘦身這件事，對我而言，是一個自我肯定的結果。在這過程中，因為不服輸的個性，最後終於證明自己不用等到下輩子，現在就是個吃不胖的女神，脂肪代謝回春到十八歲。現在的我，走在路上，餘光看到櫥窗裡自己身材曼妙的影子，總會給它一個微笑，感謝自己的堅持，感謝這個減脂計畫的神奇。

現在的我，指導許多學員進行減脂計畫，每天都能收到好消息，誰又瘦了，誰的身體變得更健康了！看著學員們都成功的達到自己的目標，得到健康之後的美麗與帥氣，助人的快樂因子，佈滿了我的生活。在寫書的當下，我的媽媽和小姑姑，雖然都六十幾歲了，也正在用這個神奇的減脂計畫，為了自己的健康努力呢！

Tips

・把運動帶到日常生活中，例如：刷牙的時候來個深蹲動作、往後踢腿抬臂；等電梯的時候，把包包平舉練手臂。

・平時開心的吃喝，一旦超過自我設定的上限，要用健康的飲食方式，把身體的代謝節奏調整回來

・永保一顆樂觀及樂於助人的心，心情開朗起來，所有幸運的事都會找上你，連減脂都會變得更快呢！

如何聯繫我

黃瓊惠（亮亮）Sarah 教練

微信：sarah641212

LINE：sarah1212

FB：黃瓊惠（亮亮）

#YES WE CAN・減脂小學堂

第三堂課：過度節食對人體影響

過度節食對人體器官的影響如下：

肝：血清蛋白合成減少，循環中蛋白水平下降。

心：血液排出量和心肌收縮性能降低。

肺：呼吸軟弱與萎縮，肺活量和潮氣量均降低，黏膜纖毛的清理機能失常。

胃：消化功能下降，因為胃酸照樣分泌，而此時又沒有食物讓胃消化，胃酸就會開始對自身進行刺激，從而引發慢性胃炎、胃潰瘍等疾病。

腎：功能下降，造成周身乏力、精神不振、性慾減退，少數人還會出現雙下肢不同程度的浮腫。

大腦：因節食的原因也處於慢性營養不良的狀態，其神經細胞會相對地缺血、缺氧，因此，記憶力就會減退，思維能力也會下降。

所以，吃飽才有力氣減肥。

碳水化合物減肥的基本要點在於控制含糖分豐富的米飯、麥類麵包中糖分的攝取，這就是米飯不能隨便吃，饅頭、麵食不能隨便吃的原因。尤其在晚上，更應控制糖分的攝取，因為晚上身體的活動量以及腦的活動量較小，糖分的消耗會變得比較難；此外，碳水化合物與維生素 B1、B2 同時攝取，糖分將會高效率地被轉化為能量。

切記：低糖分減肥如果過於激烈會引起反效果。

傳遞減脂福音
開啟第二人生的使者
鄭志弘
Ellis
教練

每個人生命都有一組幸運數字，有的人是生日，有的人是結婚紀念日，有的人可能是與情人相戀的定情日。對我來說，這組密碼則是我的教練編碼——21347。這數字代表著什麼？代表著一個讓自己、讓別人同樣幸福的代碼，可以讓我傳遞愛的福音。有句話說的很好「選擇比努力更重要」，我做好減脂的選擇，開啟我的第二人生，那麼你呢？

真實案例就在身邊，決心投資自己

我曾在藥界待過十年有餘的時間，時任亞培的台灣總代理亞博公司全省各區的藥品暨醫材業務地區經理，因此北中南的醫院幾乎都跑過。十幾年前亞培有個知名熱賣的減肥藥「諾美婷」，在全省醫院、診所減重門診醫師及藥局藥師廣泛指定使用在減肥者身上，所以說我對減肥市場的經營運作是相當有經驗的。

目前我任職於富士康廣告公司戶外電視牆加盟案的業務，離開藥界已經事隔八年多了，卻在今年初因緣巧合之下接受了「科技減脂」減肥成功，沒想到一股腦兒的又投入了減肥的國民運動。

二〇一七年曾有兩位朋友跟我提到「科技減脂」時，我並沒有正面回應，一方面覺得減肥不是甚麼新鮮事，減脂聽起來似乎也沒甚麼驚爆的亮點；而減脂這個概念剛剛引進台灣，沒有看到實際的案例，這讓我顯得興致缺缺。

神自有最好的安排，二〇一七年好友彭潤中在臉書發表了一篇文章，留言挑戰FB好友，宣告在三個月內體重要減到七十五公斤；那時他是九十七點九公斤的大肥男，打賭期限到了如達不到目標，他要請吃大餐，假如達標了，我們就只要請他喝咖啡。我當時想，三個月時間怎麼可能減得了二十二點九公斤？我贏定了！準備年底去台北讓潤中請吃大餐吧！於是就在留言下面加一，想不到八十一天提前達標……這太神奇了！

為什麼會說是神的安排？回顧這個事件，總共有三位朋友跟我提過科技減脂，前兩位我很無感，而到了彭潤中的減肥個案，我才眼睛為之一亮。

機緣就在二〇一八年一月開始萌發，願賭服輸，我特地到台北請潤中慈

鄭志弘

減脂前

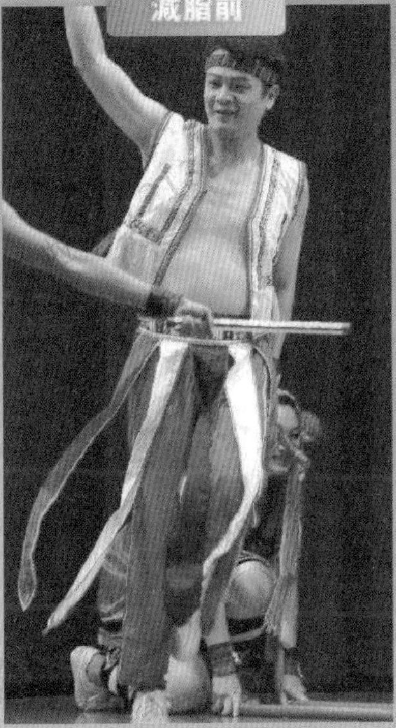

2018年03月18日

減脂後

2018年04月16日

體　重	85.0 kg	»	75.0 kg
脂　肪	22.4 kg	»	15.7 kg
體脂率	26.4 %	»	20.9 %
內臟脂肪	10.0	»	7.0

玉全家吃飯，也邀請他們全家來台中參加富士康公司的尾牙感恩餐會，餐後慈玉說道：「志弘大哥要減肥啦！你看你那個肚子。我對富士康電視牆加盟一案有興趣，不然這樣，我成為你的加盟商，你乖乖的來減肥，讓潤中協助你減肥。」

回想起去年十一月，在「青訪43風華再現公益演出」表演竹竿舞時，我身著原住民服飾，穿著背心挺著大肚子，被人取笑說：「沒看過這麼肥，那麼白的原住民，跳起舞來身上肥肉還會抖。」

在聽到的當時，想減肥的種子已經在心中萌芽，再加上這次的機緣，覺得是該來投資自己，調整一下身材了！

超越普世觀念的奇蹟

每個人都有千百個拒絕減肥的原因，而我則是愛吃怕餓，在過年期間尾牙春酒飯局最多，是體重往上飆升的好時機，過完春節，我的體重已經飆升到八十八公斤……

這次我選擇科技減脂的方式來減肥，按著潤中教練的指導該怎麼做就怎麼做，該怎麼吃就怎麼吃，一開始我還擔心血糖太低，會讓我餓到手發抖，可是令我意外的是，這過程中完全沒有擔心的現象發生，過程中精神狀況比以前要好。

數字是不會騙人的，短短二十九天，從三月十八日到四月十六日就達成我的目標「減重十公斤」，遠遠超過我以為需要三個月的時程。這跟我過去的認知大大不同，一般普世的觀念，一個月減重不得超過五公斤，避免造成身體的傷害，但這次的減肥方式並沒有這方面的顧慮。

過去傳統減重很容易發生一種狀況，就是容易減到不該減的地方，或許肌肉流失，或許傷害到內臟器官，這些都是需要考量的問題，一般減肥大多是減少食物攝取，透過消耗熱量提高新陳代謝等方式來減重，至於減脂肪或減到肌肉只能交給身體去決定，我們並沒有主控權，這也是傳統的減肥方式不能減太快的主因。但透過科技減脂，在能量平衡並且滿足身體營養代謝脂肪的條件下，減肥就如同溜滑梯一樣順利了。

簡單健康的方式，快速投入的吸引力

為什麼擔任減脂教練？這其實也是機緣，我在二十九天內達到目標，在視覺的改變是十分明顯的，不論是教會的教友或者其他朋友，看到我就會詢問如何減重，甚至連老婆都說：「你都瘦下來了，我也要減，不然你那麼瘦我還是那麼胖。」自然而然的，我老婆也加入減脂的行列，於是我們兩夫妻成為最棒的行動廣告。

即使我有曾在藥界的經歷，但為了瞭解科技減脂系統如何進行及運轉，我還是認真的上了必要的課程，也因為我過去的經歷，說服力及領悟力也比一般人要強。當我運用科技減脂協助朋友減肥，效果更是立刻展現，這樣的視覺衝擊贏過一切的廣告，也引發他們的友人詢問，甚至加入這一塊領域。

由於我的學員年齡層比較高，大概都是四、五十歲，甚至六十幾歲，對於這樣年齡層的朋友來說，健康反而是頭等大事，當他們知道可以不強調運動，且簡單健康的方式就可以減肥，便快速投入。很快的範圍不再是限定於我認識的人，甚至連陌生人都透過關係來找我，有連鎖餐廳、加工廠、保健

食品及各行業的老闆等等。

我朋友公司的董娘，很重視健康，為了恢復良好健康體態，過去嘗試許多減重方式，減到一定程度後就是瘦不下來，透過我朋友引薦，讓董娘決心嘗試看看，而她也在二十天就達成目標，讓她欣喜若狂，隨後推薦員工和許多好朋友都要加入這場減脂健康的行動。

其實回歸到最初，為什麼台灣減肥市場如此龐大？

我們都知道台灣最有名的是美食，餐廳夜市小吃攤販四處林立，而這樣物資豐饒的環境，是台灣人陷入肥胖地獄的原因，高密度的便利商店也成為幫凶。有個外國友人說，到台灣騎單車環島十分輕鬆，不需要背太多補給品，不管走到哪裡都有美食或便利商店，不用怕餓著。就是這樣食物取得便利的環境，引發國人可怕的後遺症——肥胖。

當然營養不均衡也是主因之一，鹹酥雞及各樣炸物，各式飲品及珍珠奶茶到處可見，多是高鹽、高糖、高脂，這些都是營養大量流失的高熱量食品，只有熱量沒有營養，豈有不胖的道理！

讓人快樂，更是宣導健康

對我來說，當減脂教練不只是減肥，而是要宣導健康的概念，宣導如何

在生活中保「健」不保「重」。首先，要養成一個觀念，要吃「原型」，也就是要吃食物不要吃食品，例如：香腸、熱狗之類，對於身體都是負擔。

大家都知道高熱量的食物別碰，但是最容易忽略「水果」，一般人都會想說水果是健康的食物，但其實台灣的水果非常的甜，因為台灣人的味蕾習慣，讓果農將水果愈培養愈甜，愈甜就表示熱量愈高。所以，有人利用水果減肥法卻愈吃愈重，就是這個道理。

在飲食方面，低GI（GlycemicIndex）的食物是一個好的選擇方向，因為不會讓我們血糖快速升高，沒有過高的血糖就不會讓我們有過多的糖分被轉換成脂肪囤積在身體裡，攝取過多高升糖食物，這也就是肥胖的主因，所以要有一個觀念，肥胖大多是因為糖分吃太多的關係，很少是因為肥肉吃太多。

其次，就是生活習慣，我們總是會聽到連喝水都會胖的說法，為什麼會這樣！歸根究柢就是生活習慣不好，三餐不定時、熬夜會影響新陳代謝，代謝不良連水都離不開身體。必要的習慣，就是運動習慣了，除了可以消耗熱量強身增肌，更可以保持良好的體態。

最後，也是最重要的就是保持心情開朗豁達，聖經有一句話「喜樂的心

乃是良藥，憂傷的靈使骨枯乾」，一個人只要常保持喜樂就不太容易老，快樂的心情也會強化免疫系統，而且在一個快樂的氛圍當中，脂肪代謝也會比較快，如果一個人常常憂鬱，就很容易不健康，所以要經常保持愉快的心情，讓自己快樂，放掉憂鬱。

記住幸福密碼，21347

對我來說，當上減脂教練，最大的收益並不僅是恢復年輕體態，而是帶領周遭健康的風氣。我是兩個小孩的父親，他們看到爸爸這樣，也會想說自己要注重飲食，所以對我來說減脂就像傳福音一樣，有種傳遞幸福的使命感，我會希望可以讓周遭朋友都很健康，而且，這樣的健康是看得到的。

21347，是我的教練編碼，當我拿到那一刻起，我就知道這將是我祝福別人的幸福密碼，當我透過這個編號跟學員產生連結時，在未來的一個月、兩個月、三個月內，我要改變他的未來，瘦子和胖子的人生絕對不一樣。

有學員跟我反映，在減脂過後，食量自然的變小，生活習慣也隨之改變，知道該怎麼挑選正確食物，有足夠的營養，身體運轉順暢，身體變得健康了，生活輕鬆自在，心情就變好了就容易入睡，不再失眠。而且也有好幾個學員反應家庭變得更和樂了，為什麼？因為另一半覺得瘦下來之後變得年輕貌美的她比較不容易生氣……。

所以，我才定義幫助別人減脂就像是傳福音一樣，我將我得到的祝福，也讓人得到同樣的祝福，讓大家更健康更有自信，遠離慢性病，家庭也更和樂。我也認為這是上帝給我的階段性任務，否則怎麼會停不下來？在我成功減脂之後，學員都是自動被我吸引過來，應證了「花若盛開，蝴蝶自來；人若精彩，天自安排」這句話。

Tips

・要吃食物「原型」，就是要吃食物不要吃食品

・肥胖大多是因為糖分吃太多，很少是因為肥肉吃太多

・台灣的水果非常的甜，也表示熱量愈高，這是水果減肥法卻愈吃愈重的道理

如何聯繫我

鄭志弘 Ellis 教練

微信：ellisdoff

LINE：0932040139

FB：鄭志弘

第四堂課：ATP與公式

#YESWECAN・減脂小學堂

$$\text{脂肪} + O_2 \xrightarrow[\text{輔酶}]{\text{脂肪分解酶}} CO_2 + H_2O + ATP$$

▲ **脂肪公式**

在身體內有一個機制通過多種化學反應把脂肪轉化成細胞能夠吃的能量，叫做ATP（三磷酸腺苷）。

·脂肪公式

通過三羧酸循環，再進行一系列的化學反應，脂肪最後變成二氧化碳＋水＋ATP，肥肉就不見了，二氧化碳透過肺排出，水通過腎臟排出，ATP供給細胞利用，這就是脂肪的有氧氧化。

脂肪的有氧氧化

·脂肪分解需要三十八種酶和輔酶

脂肪的代謝從大的方面來講是三十八個化學反應。在生物體內的催化劑叫作酶，每個化學反應都須要有相應的酶，身體內部的化學反應才能進行，而且在人體內進行化學反應不僅要有酶，還要有輔酶，只有輔酶才能使酶產生活性，所以必須要有酶和輔酶。

五十四天幸福契機

翻轉 我們的人生

何淑華
Shane
教練

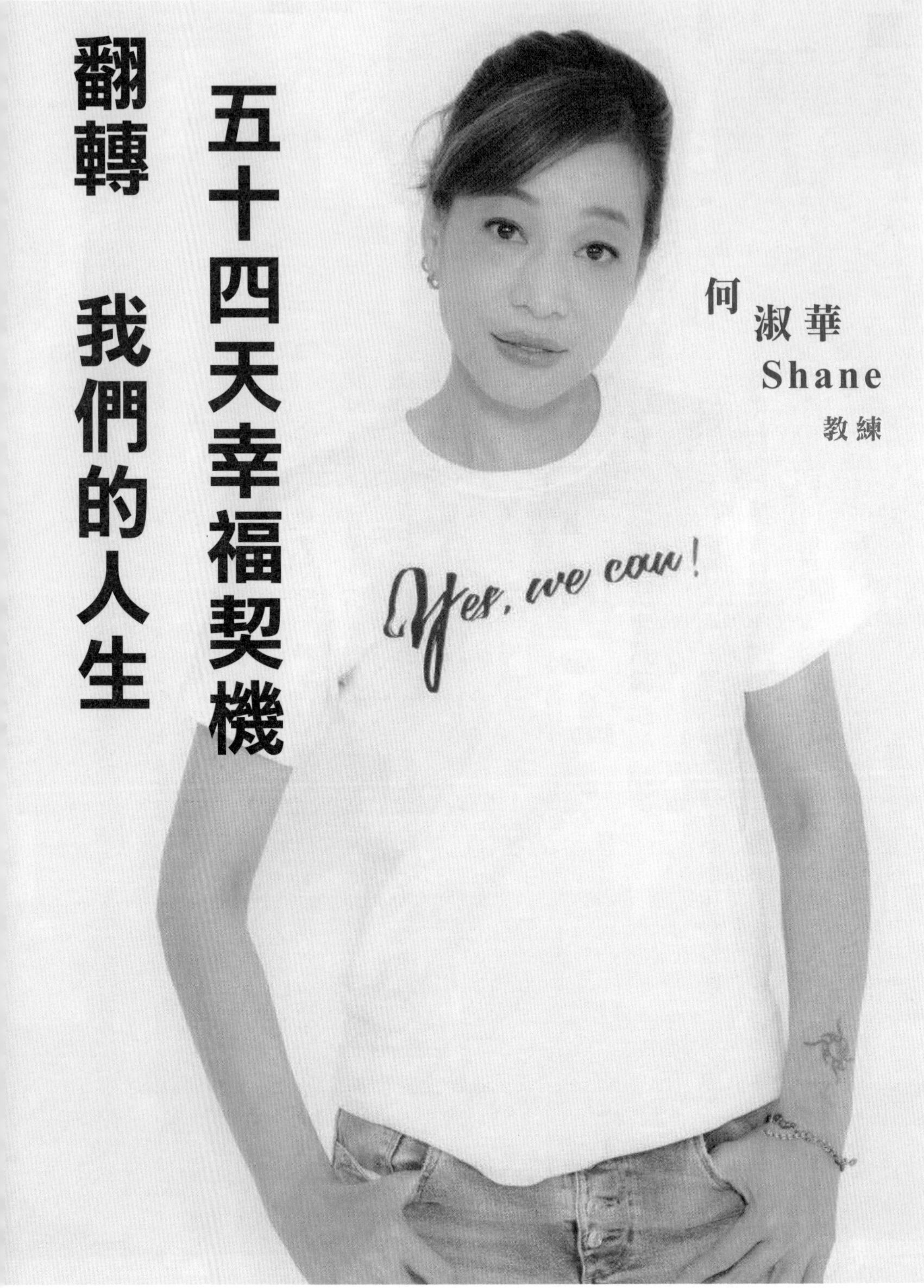

在成為一個胖子的時候，我曾經像是《綠野仙蹤》裡的鐵鍚人，失去了我的心，找不到對於幸福人生的熱情和動力。因為名和利，我失去初衷，漸漸喪失了本性的熱情，也放棄了友情。

很高興現在的我，再次找到那顆曾被我拋棄的心。在這過程中，我很驚訝，但更多的是感動。愛這件事，是超越一切的，當我有了愛，不管多艱難，但終於還是找回了健康，也替珍愛的人，找回他們失去的健康人生。

職場女鋼鐵人喝酒喝垮健康

三十歲以前，我接觸到印刷相關的行業，對事業的企圖心，促使自己幾乎用盡一切精力在工作上，生活作息不正常；睡覺這件事，似乎早不在人生規畫中。等意識到自己變胖了，其實已經胖到七十公斤，等於從五十出頭胖到七十公斤的過程，我一直都是無感的。

那時期的我，因為經常應酬喝酒，根本沒吃什麼東西，但身體卻像吹氣球一樣愈來愈胖。除了喝酒還是喝酒，就這樣把肝臟的代謝功能給喝掛了。毒素累積在體內一直排不出去，該休息的時候，又不沒讓肝臟好好休息，當然就更加重它的負擔囉。

過去從事業務工作，我的胃因長期的潰瘍而傷痕累累；它一直很不健康，是受盡折磨的「業務胃」。但自從開始接觸「科技減脂」，因為要搭配專業的減脂教練傳授的飲食原則，生活作息也漸漸變得規律，胃潰瘍的情況，才終於慢慢獲得改善好轉。

一定要記住，身體是自己的，如果自己都不愛它，任何人其實都幫不了忙。不管過去曾經如何去蹂躪你的身體，都要給它時間，才可能慢慢恢復。每天鼓勵它一點，身體感受到你的誠意跟毅力，就會重新帶著新生的元氣回到你面前。

膝關節疼痛，警訊降臨

在我不健康的身軀上，敲下第一記警鐘的，是我的膝關節。它開始因為過重的體重，承受不了壓力而變得疼痛，我隨便動一動，它就不舒服。我本來誤以為是因為每天四處奔波，工作時爬上爬下、扛重物、搬貨，膝關節才

DOUBLE TAP TO
EDIT TEXT
這時候的我
來到了人生
我絕望了
覺得一切都回不去了！

會疼痛不已。

人變得很容易喘，整個體質好像都變了，不但全身嚴重過敏，免疫系統也失調，不知從幾時起，我已經變成另外一個不認識的自己，如此驚人的轉變，真的讓我嚇到了。

當發現皮膚開始莫名的過敏，免疫功能大失調的時候，我還不清楚自己身體出錯的問題根源到底是在哪兒？覺得既然會癢，那就先去尋求皮膚科對症治療吧。只要人家說哪一個醫生有名，我就去！人家說吃這個有效，我就買來吃！但結果卻全都沒有效。

後來我去看了一位免疫力失調的醫生，從醫生的口中才終於知道，我的身體密碼究竟出了什麼差錯？身體因為長期日夜顛倒，作息不正常，身心的壓力都太大，狀況才會一直惡化。只要生活方式不改變，就沒辦法好轉，過敏症狀很可能就會一直反覆發作。

體重八字頭！鏟肉大作戰

其實我曾經靠「低升糖飲食」（低GI飲食）的方式，藉由控制飲食，從八十五公斤順利減到七十二公斤，但這個過程走得非常緩慢，我大概花了二年的時間，才達到這個數字。但過程當中，只要稍微偷懶怠惰一下，體重馬上就又會彈回去變胖。那時候我才驚覺，天啊！原來我根本是一個易胖體質嘛！

最開始，我上網搜尋各種簡單的減肥資訊，選擇以少吃跟多運動這兩招來減肥。也看減肥食譜，當然市面上那些大力宣傳的減肥藥，我也跟風嘗試過，但成效都很普通，沒太大的明顯變化，試一試只要效果不快，我很容易就停下來。

之後我從網路上查到「低升糖飲食」，正巧電視上也有不少減肥瘦身的名人在推薦，我依照這種飲食方式來減肥，沒想到，這套方法還真的幫助我把體重給降了下來。現在回想起來，當初還真有點誤打誤撞，不過，體重雖然下降不少，但內臟脂肪仍然減不下來。從外表上看起來，就是胖在肚子這一圈，腳瘦、手瘦、臉也瘦了，但每天都像套了一個游泳圈在身上一樣走來走去。

帶著一圈游泳圈的我，根本沒什麼衣服可以穿，身上穿的每一件衣服，都只能去男裝部買男人的尺碼。也就是從那一刻，原本活潑開朗的我，變得超級沒有自信，將近長達四年的時間，我竟然都沒再逛過女裝部。那時期的照片，如果沒特別說一聲，大家很可能就把穿著男裝、剪了短髮的我，當成一個胖男人了吧。應酬時，就算我出聲講話，也因為音質本來就不像一般女生那麼細柔，在場的人根本從頭到尾都把我當成一個男人在跟他們談業務。

愛的能量幫助找回身心健康

男朋友看見我陷入「好想瘦，卻沒辦法把游泳圈肚子瘦下來」的痛苦深淵，關心問我怎麼回事？為什麼從一個原本開心的女孩，變成整天不開心、也沒有自信了？我老實告訴男朋友，看見自己的外表會很自卑。當我想穿上漂亮的衣服，卻發現，再也沒有任何一件漂亮的衣服可以穿在身上，這種現實的認知，令我十分沮喪。

而我之所以想要快點瘦下來，是因為一位感情非常要好的閨蜜，我們失聯十五年後又再度重逢，為了紀念這段珍貴的友情，決定一起去拍閨蜜沙龍照。所以我必須要想辦法，讓自己在一定的時間內，瘦到滿意的體重，這樣子拍出來的照片才會好看。

有了激勵自己的動力，我在一個月內，就靠科技減脂的方法，瘦了將近九公斤。男朋友看見我瘦下來，感到太驚喜，直呼為什麼會這麼神奇！是呀，連我自己也不敢置信，但它真的發生在我身上了。我的人生，就在這五十四天之內，發生了巨大的轉變，讓我成功減重減到五十五公斤，這脫胎換骨般的改變，減掉的十七公斤，翻轉了我對於人生的夢想與希望。

在這裡，要特別感謝，我擁有一個非常會做料理的好伴侶。為了讓我吃得健康、瘦的營養，他用心認識與低升糖飲食有關的各種食材，研究如何烹調低升糖食材的食譜，真的非常感謝他這麼有心，和我一起努力找回了我的健康。

通常早餐時我們會吃水果，配上兩片吐司，中餐時男友會做愛心便當，裡面包含了五樣青菜、糙米飯。晚餐時間就只簡單吃些小黃瓜，稍微解個饞，但盡量不再另外吃其他食物，避免讓肝臟在晚上還要再費力代謝。

給身體時間讓它適應新步調

自從接觸了「科技減脂」這領域，我開始想把自己改變後的幸福能量也傳遞給其他人，瘦身減脂成功後，腦中第一個想到的人，就是我的堂姊。原本從事房仲業的堂姊，因為生活與工作的壓力，選擇靠暴飲暴食來發洩，漸漸就讓自己變得過度肥胖。堂姊的身高一百五十五公分，卻胖到快要七十公斤，整個人看起來都腫起來了，因為高血壓的關係而在服用慢性藥。血管內的管壁脂肪太厚，導致血的流速度變慢，後期甚至胖到無法正常工作，健康情況變得很糟糕。

但由於年紀和體質的關係，加上長期錯誤的生活方式，堂姊的減重過程，並不像其他人那麼順利。肝臟、腎臟的代謝功能失常，導致體重沒辦法像我這樣子快速下降。我們一般人可能一個晚上可以減輕一公斤，但她一個

晚上大概只往下掉一百公克到二百公克，這成果令堂姊非常沮喪，她難過地說：「我不想浪費妳給我這麼好的禮物，它是不是並不適合我？」

其實會比較緩慢，是因為身體機能長期失調，需要花更多的時間，才能讓它再重新適應新的節奏步調。整個生活作息都要重新調整，睡眠時間、飲食習慣都必須改變，剛開始調整的時候，當然要給身體一點時間去適應嘛。但堂姊沒辦法接受自己的轉變如此緩慢，她看我只花五十四天就能瘦十七公斤，認為我都可以，為什麼她就不行？但很感謝堂姊肯相信我，直到真的成功瘦下來，慢慢回復到理想的體重標準時，過去在她身上發光發熱的正面能量，才終於再一次重現。

五個天使，明星臉跟魔鬼身材

五個人因為我而起心動念改變自己，我人生中的五十四天翻轉了這五個人。第一個是我的男朋友，我成功幫他瘦了下半身，他現在覺得自己是天下最帥的大帥哥！接著是我的堂姊，另外還有兩位跟我非常要好的女性朋友，她們透過針灸埋線、抽脂都沒辦法改變身形，自從加入跟我一樣的科技減脂行列以後，也是在二個月的時間內，瘦成了明星臉跟魔鬼身材了。

第五位朋友，她則因為肥胖而帶來一些婦科問題，一直深受多囊性卵巢症候群所苦，也因為這問題，使她的體重沒辦法在短期間內降下來。在這五個人的瘦身減脂期間，每當他們痛苦、沮喪，我也會陪著他們一起沮喪。但也因為這樣，我的獅子座個性，更促使我想去瞭解更多的減脂知識幫助他們。很感謝這五個天使的配合與包容，他們的成功蛻變，不但成就了他們的健康幸福，也成就了我的不斷成長。

我認為，瘦身是介於自信跟健康之間的上限，人只要有了健康和自信，一切都會變得更完美。因為健康和自信，相對的連想法也會跟著翻轉。瘦身只是一個過程，它不是最終目標，我選擇的瘦身終點，是想要再次擁有自信和健康，所以我努力去做了，也成功找回了我想要的自信、健康。

Tips

．不管多忙碌，一定要找出一段可以運動的時間，不是走路，而是真正流汗的運動，這樣可以促進新陳代謝

．每天下午四點鐘以前，都要找時間吃低升糖種類的水果

．每天要早睡，才能保護肝臟。

如何聯繫我

何淑華（何小華）

Shane 教練

微信：shane197499

FB：何小華

第五堂課：吃與胖

#YES WE CAN・減脂小學堂

多吃就會胖嗎？答案是不一定，因為決定肥胖的因素，包括至少有以下四種差異：

- 先天體質不同
- 腸胃消化能力不同
- 飲食結構不同
- 生活習慣不同

所以，不要羨慕別人，不要跟別人比較。認識自己的身體，了解自己、愛自己，學會自己的身體溝通，明白自己身體的特質，每個人都可以瘦得勻稱又健康。

世界上沒有　能不能
只有自己　要不要
林宜萱
KiKi
教練

「魔鏡啊魔鏡，誰是世界上，最美麗的女人？」

白雪公主的故事，大家應該都耳熟能詳。相信每個小女孩，應該都曾幻想自己，是美麗的公主。魔鏡反映的，其實就是每個女人對「美」的欲望，那是種自信的象徵。但我一直以來，都對自己缺乏自信，家中共有四個姊妹，我一直都是最高但也是最胖的，長期缺乏自信的結果，別說白雪公主，總覺得自己就是灰姑娘，連想法都很負面。

回想起以前悲觀的自己，這都是生命中走過的痕跡，現在的我，不僅重拾自信，更希望能幫助和我一樣的人，希望讓大家知道，只要設定目標下定決心肯努力，就有改變的可能，不管任何事情，沒有能不能達成，只有問自己：「想不想要？」只要你敢要、敢爭取，就能讓自己心想事成！

成為三寶媽，卻愈來愈不快樂

還記得以前，我原本就對自己缺乏自信，後來歷經結婚、懷孕、生子，這是女人必經的過程，原本應該是一段幸福的旅程，但生了三個寶貝小孩的我，卻愈來愈不快樂。因為第一胎的得來不易（結婚後求子四年小產三次才得以平安順產），到了第二胎得知是龍鳳胎，從懷孕初期的喜悅，慢慢的被緊張、負面的情緒逐漸掩蓋，由於懷孕初期非常不穩定，看著宛如吹氣球脹大的身形、日漸臃腫的體態，還伴隨孕期的種種不適，像是孕吐、害喜等等，甚至出血、安胎都樣樣來，我甚至無法好好睡一覺。

直到懷孕後期，雙寶即將出生，這時的我已經重達九十多公斤，這是我以前從未想過的數字，蹣跚的步伐、稍微走動就覺得疲憊不堪。因為肚子裡的小寶貝，體內的器官受到擠壓，時不時被小寶貝踢一下肋骨、撞一下胃，腰酸背痛和恥骨痛總讓我舉步維艱夜不安眠，水腫的雙腿更讓我覺得自己胖得不像話，說是象腿都不為過，孕期尾聲幾乎只能坐著睡；由於體內賀爾蒙改變，情緒時常不穩，不僅讓老公和我一起承擔負面情緒，周遭的人也連帶受到影響，那是一段很辛苦的時光。

卸貨還瘦不下來？產後憂鬱上身

雙寶卸貨後，我的體重約在八十多公斤上下，我一直以為，生產完後體重就會逐漸下降，但那時醫生並沒有叮嚀，該如何改善飲食，也沒有人教我該如何把握產後塑身的黃金期，我的體重自此卡關，不管我如何努力，就是沒有動靜。這時的挫折感，真的比什麼都還要強烈，我甚至懷疑，是不是自己一輩子只能帶著這副身材，永遠都沒有瘦下來的可能。

雖然老公對我很好，時常鼓勵我，也不曾說過或嘲笑我再也回不去的體態，但當我看著肚子上的三層肉、產後鬆弛的皮膚，我怎麼都無法對自己滿意，甚至不敢看鏡了，不想面對，鏡中倒映出的肥胖身影。

心情低落的我，做什麼事都提不起勁。沮喪、難過、哭泣，成了我每日的心情寫照。即使去購買新衣服，好不容易找到喜歡的服飾，還要鼓起勇氣問店員：「請問有沒有我能穿的尺寸？」不管做了多少心理建設，都覺得自己肥胖的樣子，好像在眾人面前都抬不起頭，十分困窘而羞赧。

喪失自信，不僅對生活造成了影響，更連帶影響了工作。我經營一家窗簾傢飾店，原本我認為，這是一個營造幸福的工作，利用美美的傢飾，打造獨一無二的家，換上不同的窗簾，就像營造不同的心情，為家的氣氛帶來驚喜和美麗。但販售美麗的我，卻因為身材始終瘦不下來，為客人推薦產品時，都失去了往常的自信，這樣的我，該如何為每一位客人營造美麗的家？

對自己充滿懷疑和否定，不時恐慌、害怕，好像無法走出的泥沼，深陷漩渦中，怎麼爬都爬不出來，連輕生的念頭都有。此時我才驚覺，原來我已患了憂鬱症，產後身材變形成為一條導火線，讓我不只對外在失去信心，更讓內在的自己生病了。

媽媽變漂亮了，是公主媽媽！

當我試過坊間各種減肥方法不斷的經歷瘦瘦胖胖進而陷入谷底時，我發現好朋友艾均，不僅愈來愈漂亮，和我一樣生下二胎三娃的她，身材甚至比懷孕前更瘦，這讓我燃起了一股希望，這才發現，深受懷孕發胖所苦的我，

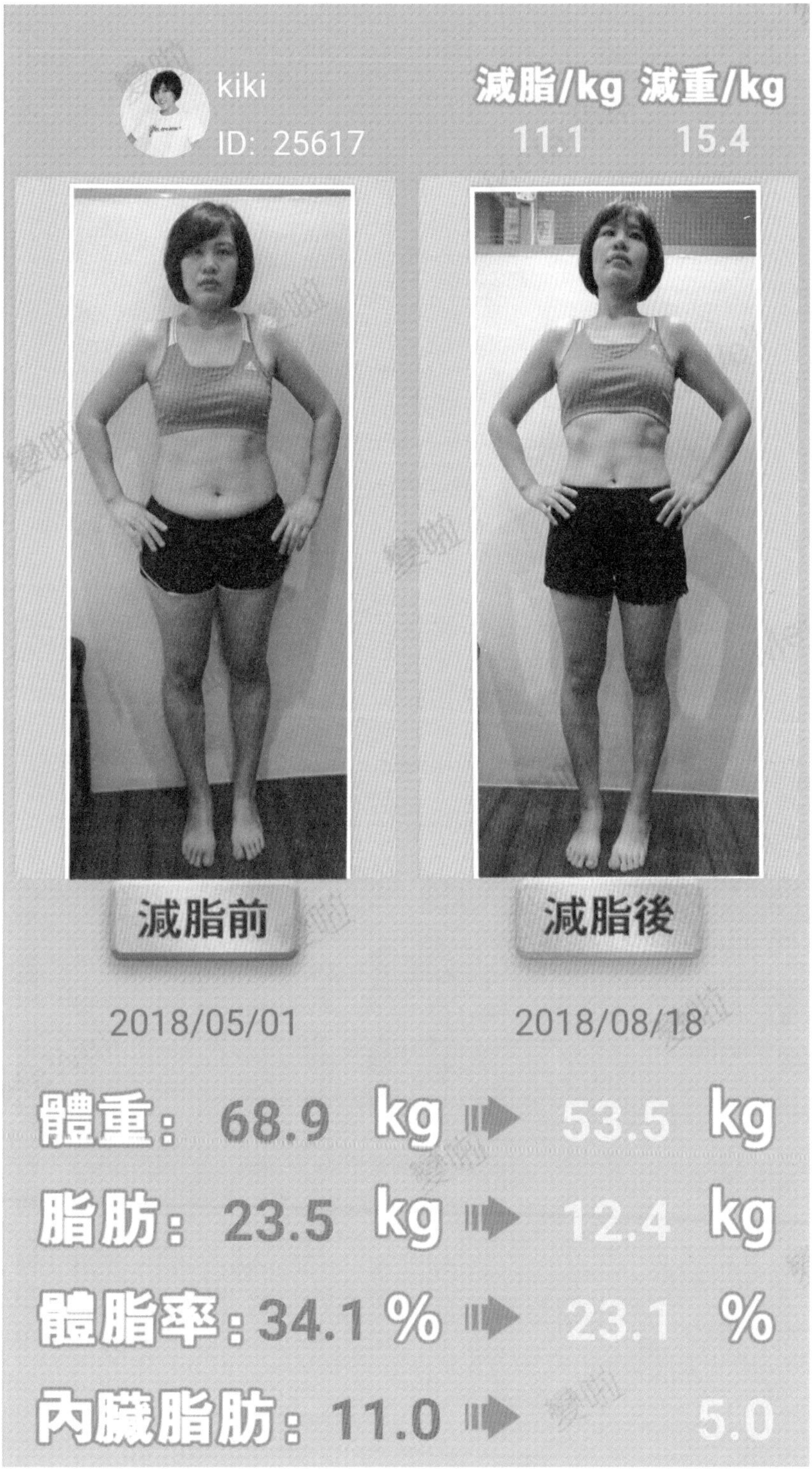
kiki
ID: 25617
減脂/kg 減重/kg
11.1 15.4
減脂前
減脂後
2018/05/01
2018/08/18
體重：68.9 kg 53.5 kg
脂肪：23.5 kg 12.4 kg
體脂率：34.1 % 23.1 %
內臟脂肪：11.0 5.0

原來不是一個人。在艾均的鼓勵之下，我漸漸明白，有時候「心魔」才是讓自己始終瘦不下來的主因，只有正視自己的問題，才能重新擁有充滿自信的自己。

我踏上了減脂這條路，努力和自己喊話，不僅是為了外在美觀，更是為了重建生病的自己，只有心態健康了，才能找回堅持的動力。瘦下來的我，明顯感受到了外在眼光的轉變，像是嘴上沒有嫌棄我的老公，開始喊我公主、老婆；小孩也常常說：「媽媽變漂亮了，是公主媽媽！」我不會動不動就發脾氣，家庭氣氛明顯好轉了，連久違的高中好姊妹都和我說，我似乎揮別了憂鬱比以前來的開朗快樂。

回到當初心動的感覺，再一次談戀愛

還記得當初瘦下來後，重新替自己買新衣服，服裝店的老闆娘看了我許久，一直欲言又止，後來終於小心翼翼地問我：「請問你是Kiki嗎？」她驚訝地說，瘦下來的我好像換了一個人，差點認不出來。就連和老公出去，老公的朋友甚至當我面問說：「怎麼沒有帶你老婆來？」

接觸減脂後的轉變，是我原先想不到的。原來肥胖，不只影響了我的身心，更讓周遭的人和我一起承受壓力。正因自己走過這一段，所以更希望可以幫助和我一樣的朋友，希望他們能夠和我一起，重新拾回自信。

成為減脂教練後，第一個學員就是我老公，我的轉變，他都看在眼裡，陪我一路走來的他，始終支持著我，現在換我陪他瘦身。我老公是遺傳性高血壓的患者，長期吃血壓藥已有七年以上，肥胖更是隱形殺手，對健康藏有極大風險，在減脂的幫助下，四十天瘦了九公斤，他都笑說：「第一次瘦身就獻給老婆了！」還記得老公瘦下來不久後剛好碰到公司體檢，沒想到血壓居然一次就過而且還恢復到正常值，重拾健康真是瘦身最大的禮物。我從大嬸變成公主、他從大叔變回

歐巴，我們好像回到當初心動的感覺，再一次談戀愛。

當上教練以來，我認識了不少學員，也幫助不少家人和朋友，真的想和大家說：「必須要相信自己做得到，才能夠持之以恆。」

曾有一位媽媽，因為甲狀腺機能亢進體質，身材總是忽胖忽瘦，也因睡覺時常有震耳欲聾的鼾聲，進而打擾到他先生休息，時常吵架造成夫妻關係變得緊張。接觸減脂後，有一天她很開心跟我說：「終於沒有再被先生罵了！」原來她的鼾聲竟因減重而改善，身體也變得輕盈了，間接讓夫妻感情愈來愈好，這是瘦身和健康以外的額外收穫。

敞開心乖乖配合，才能真正讓自己改變

還有一位讓我印象深刻的學員，她是患有初期糖尿病及高血壓的媽媽，一開始不願意正視自己的健康問題，甚至很排斥看醫生。同樣身為女人的我，走過同樣的艱辛過程，肥胖不僅是外觀，更是健康的隱藏殺手，所以我苦口婆心地勸她，終於讓她轉變心意，配合醫生的治療還有減脂，順利控制血糖和血壓，她很高興和我分享：「有機會可以減藥或停藥了！」能幫學員重拾健康，是我最大的感動與成就，女人真的要多愛自己一點，才能讓自己變得更好。

除了成功減脂，當然也有一開始瘦得很慢的學員，因為不相信甚至放棄自己，數據都愛傳不傳，不願意和教練好好配合，我甚至擔心他（她）會撐不過去，這時我都會告訴學員：「減肥不要減一輩子，減一陣子就好，把自己的健康交給教練，只有敞開心乖乖配合，才能夠真正讓自己改變。」

因為想要證明自己可以做到，所以我成功瘦下來，揮別過去充滿悲觀、負面情緒的自己，而且瘦下來，就要有決心不會再復胖回去！

很感謝身旁的家人，無論是老公還是小孩，都給了我最大的支持，瘦身

這條路，其實最難的是堅持，但當周遭的所有人都鼓勵你的時候，就會有股聲音激勵自己：「要繼續撐下去啊你一定可以的！」當自己成功瘦身後，也會反向鼓舞身邊的朋友，以愛為出發點，成為一個正向循環，只要你敢要，相信你們也可以，重新打造自信的自己，敢於爭取全新的生活，我和我老公就是最好的例子，因為夢想終將不再是個夢想而已！

Tips

- 少吃高升醣食物，減少肥胖的來源，水要充足，大量的水才能幫助代謝
- 從簡易運動開始，培養運動的習慣
- 讓心情愉悅，擁有正能量才能堅持，找一個鼓勵你的人，一起達成目標

如何聯繫我

林宜萱 KiKi 教練

微信：kikilin0122

LINE：kikilin0122

FB：KikiLin

第六堂課：能量守恆

#YESWECAN・減脂小學堂

能量守恆與肥胖的關係

當身體的攝入量大於消耗量時，顯然每日囤積的脂肪為正值，除了以肝、肌糖原的形式儲藏外，幾乎完全轉化為脂肪，儲藏於全身脂庫中。

能量消耗除了運動、勞動、鍛鍊、工作這些看得見的形式外，還有基礎代謝部分。基礎代謝是指每個人用以維持心跳、循環、呼吸和體溫等生命活動所消耗的能量。那些所謂吃不胖的人通常是基礎代謝率比較高的人，能量消耗比較大。一個人基礎代謝率的高低一般是天生的（有時候也有可能因患病而改變），也就是說，有些人天生就是「耗油」型的，而有些人就是省油型的。跑同樣的路，前者消耗比後者大，所以不容易能量過剩（發胖）。

基於牛頓能量守恆定律，基礎代謝高、能量消耗大、耗油。因此吃不胖都是相對的，只要吃得足夠多，人人都是會胖起來的。

肥胖與否的關鍵在於我們攝入的能量總量和透過運動消耗的能量總量是否平衡所決定的，而不是汽水或任何某種單一食物導致了我們的超重。

現在我們要減肥，就須讓每日囤積的脂肪為負值，減少每日攝取的熱量，同時增大每日消耗的熱量。

即：**每日攝入熱量＜每日消耗熱量**

尋回對身體負責的初心
肥胖家族擁抱健康

張正樂
Mr. Spark
教練

我來自一個具有肥胖基因的家族，親戚幾乎都有過胖的問題，連帶也使得健康容易出狀況，心血管疾病、常見的慢性病，長期困擾著我摯愛的家人，包含我自己。為了維持良好的體態，讓自己保持健康，我試過非常多減重減脂的方法，可惜我所得到的就是一次又一次的失望，直到我遇見了一個輕鬆又快速的方法……

只要能保持好身材，我都樂意嘗試

過往將近一甲子的歲月裡，一直困擾著我的問題，就是肥胖。我的家族親戚幾乎都有過胖的狀況，五個舅舅共同的特徵就是肚子圓滾滾的，其中三個曾經中風，而我的母親甚至不到五十歲就不幸離世，追究原因同樣也是心血管的問題。

我自己的身體其實也是問題連連，大約在五年前，我曾在上班時覺得自己身體不太對勁，因而主動到醫院就診，結果醫生檢查出我有一根很細的血管堵塞了，呈現輕微腦中風的狀態。那次我在醫院住了快十天，運氣很好沒有影響到生活，但卻讓我捏了一把冷汗。其他像是高血壓、脂肪肝等慢性病，也都讓我感到相當害怕，於是總在日常生活中特別留意減重的方法，並且也抱持著來者不拒的開放態度，只要是能讓我保持好身材的，我都很樂意去嘗試。

過往曾使用過酵素減肥法、買過直銷公司的減重產品，就連健身房我也沒少去，還花了二十幾萬買了將近兩百堂教練課程。可惜的是，我所得到的就是一再的失望。各種類型的減重產品，一沒使用很快就復胖；在健身房聽從教練的指示，每次都乖乖做滿一個小時的重量訓練，然後再進行四十五分鐘的有氧運動，然而一個月也瘦不到一、二公斤。

就在這樣的情況下，我遇見了減脂教練系統，熱情與我分享的朋友說自己在聽話照做的情況下，短短的一個禮拜就瘦了五公斤，但我因為有過太多失敗的經驗，所以直覺這是不可

張正樂
ID: 20333
減脂/kg 減重/kg
12.5 16.1
減脂前
減脂後
2018/04/01
2018/06/21
體重：80.5 kg 64.4 kg
脂肪：27.5 kg 15.0 kg
體脂率：34.2 % 23.2 %
內臟脂肪：17.0 9.0

能的事情，當然也就沒放在心上。沒想到，我就這麼錯失了一個絕佳的機會。

幸好老天爺並沒有放棄我，安排了游詩賢教練來幫我一把。

沒有什麼壓力，不可思議的新生活來到

二〇一八年的三月，我前往馬來西亞旅遊，旅程中遇到了原本就認識的游教練。因緣際會之下，我們聊起了減重的經驗與過程，他說自己憑藉著減脂教練的協助，在三個月內就瘦了二十八公斤。再次聽聞減脂教練系統，我直覺這次不能再輕易錯過，於是那一趟五天的馬來西亞行，我就一直抓緊機會跟游教練請益，而他也非常樂於與我分享。

回國之後，我立刻就加入了游教練的行列，並從四月一日開始啟動減脂計畫。很快地，我的身體就產生了變化，雖然前兩、三天不太習慣，愛好美食的嘴巴還是很饞，幾度想要抓起食物就往嘴裡塞，不過這樣的欲望並不難克制，而且整個過程都相當輕鬆。

當時我就想，我要給自己最後一次減脂的機會，因此不僅宣言昭告天

下，希望大家不要再「餵食」我，同時也回絕掉所有聚餐應酬的邀約。沒想到，在進行到第二十五天的時候，我就已經成功減下了十公斤。

很多人很好奇的問我，究竟怎麼辦到的？其實，沒有什麼壓力，更不需要刻意節食或揮汗運動，只要照著自己的生活步調，遵循指導教練的安排，效果自然而然就顯現了，也沒有任何副作用。到了第二個月，我已經減到了十六公斤，並且慢慢恢復了跟朋友同事一起享受美食的正常生活，一直到現在，我依舊維持著最適中的體態，完全沒有復胖的跡象。

如此不可思議的減脂方式，我當然不會自己私藏，每個看到我的改變而主動來詢問的親人朋友，我都會鉅細靡遺地分享，因此有不少人都跟我一樣擺脫了肥胖、找回了健康人生，其中包含我自己的親姐姐，還有四個都有肥胖問題的表妹，她們一個個都減了至少十公斤之多，看起來也更年輕、更有活力了。真沒料到我自己的一個決定，居然能徹底改變了一整個肥胖家族的命運，

看到家族親人們恢復健康體態、臉上掛著自信的笑容，我內心就充滿了無比的成就感。

讓身體的機能提升，自然汰換疾病的因子

人家說：「胖，是吃出來的。」我認為這句話一點都不假。以前我不懂得什麼是正確的飲食方式，總是會讓自己的身體吃到飽足後才停止進食，若是遇到重要場合或節日，就更容易會放縱自己大吃大喝，藉以凸顯慶祝的感覺。然而，這樣的飲食方式不僅會對身體帶來相當大的負擔，更重要的是吸收不到什麼營養，卻增加了過多的熱量及脂肪。

自從跟著游教練學習，展開新的生活模式之後，我了解到少吃澱粉、醣類，多攝取蛋白質的飲食原則，並且學會只吃一半或是八分飽，不再讓自己吃過頭，因為當你真正感覺到好飽的時候，事實上都已經是吃過量了。

除此之外，我也學到了吃合適的量以及吃合適的食物，雖然這聽起來很簡單，但實際上效果卻遠比我想像中大多了，在改變飲食習慣之後，我可以

感覺到整個身體機制也隨之改變，因為吃進去的食物對身體更有益的，所以讓身體各部位的機能都隨之提升，自然也汰換掉了造成疾病的因子。所以我不僅僅是外表看起來瘦了，身體也恢復到健康狀態。

所以說起來我們都誤解了，其實減重並不一定要限制飲食，只要吃對食物，就不用擔心發胖的問題。

大多數的人之所以會想減重，主要是因為外表的關係，但我真的是為了自己的健康著想。單純為了身材，改變的欲望可能還沒那麼大，可是當健康亮起紅燈時，那種急於想要瘦下來的焦慮，會讓日常生活都受到巨大影響。要不是接觸到減脂計畫這麼棒的模式，以及對我總是耐心十足的游教練，恐怕我到現在都還天天陷於擔憂恐懼的狀態中。

現在的我，不但不需要繼續服用控制慢性病的藥物，膽固醇過高、內臟脂肪囤積等等的問題也全都不復見。不過我的變化可不只如此而已，在親身體驗了既快速又輕鬆的減脂方式之後，我也跟隨游教練的腳步成為專業的減脂教練。除了

擔任原本的機電顧問一職之外，也開始成為教人保持曼妙身材的教練，或許一般人會覺得匪夷所思，但對我來說卻像是經準備已久的事情般，一切只不過就是水到渠成而已。

最大的成就，幫助家族逆轉命運

身為肥胖家族的一員，在我成功瘦下來之後，很快就受到全家族的關注，因為在減肥這條路上我們都有相差無幾的心路歷程，我所遭遇過的挫折與失敗，他們也大多都經歷過，因此我的改變也讓家人們都燃起了希望，因為連我這把年紀都能辦得到，其他人當然更沒問題。

當我的姐姐順利減脂、找回曲線之後，第一個希望能影響的人就是自己的孩子，但可能是因為愈是至親愈難清楚溝通的關係，導致他在減脂初期效果不彰。因此我請姐姐把孩子交給我，讓我用減脂教練的角色來幫助她，結果整個過程非常順利，體重下降的速度開始明顯提升，心態與觀念也都非常到位，短短時間就宛如新生，連我都感到非常驚訝。

另外一個我最引以為傲的成功案例，就是我自己的兒子。我兒子對於未來的規畫相當有想法，為了提升他的格局與視野，我們送他到美國去見識見識，沒想到他回來之後，身材完全走樣，胖到了將近九十公斤，體力也大受影響。無論是站在父親的角度，或是減脂教練的角度，對於他失控的體重我都無法漠視不管，因此我要求他加入我的旗下，照著我的引導一步步甩掉身上多餘的贅肉脂肪。或許是因為我的改變點燃了他的鬥志，結果他也很快就回到理想的體重。

在幫助多位家人完成減脂夢想之後，我開始意識到自己真正的人生使命，就是當一個快樂的分享者、稱職的減脂教練，把這個神奇、快速，且安全無虞的方式傳達給更多人。於是我努力學習更多知識，期待自己能在幫助更多人減重之餘，也能灌輸大家正確的飲食觀念。

如果可以把對身體負責的初心帶給更多人，成為他們生命中的力量，何嘗不是我對社會的一種貢獻呢？減重不僅僅是對於外表的自我要求，更是對身體健康的一種自我責任，我想要藉著自己的故事，讓周遭的親朋好友了解到，維持良好的體態真的一點都不難，只要能夠用對方法，任何人都能輕鬆戰勝脂肪、贏回身體的自主權。所以我當減脂教練的主要目的不是指導減重，而是傳達一種對身體、對自己，還有對人生負起責任的正確價值觀。

Tips

- 少吃澱粉、醣類，多攝取蛋白質的飲食
- 學會只吃一半或是八分飽，當真正感覺到飽，事實上已經吃過量
- 遇到重要場合或節日，不要放縱自己大吃大喝

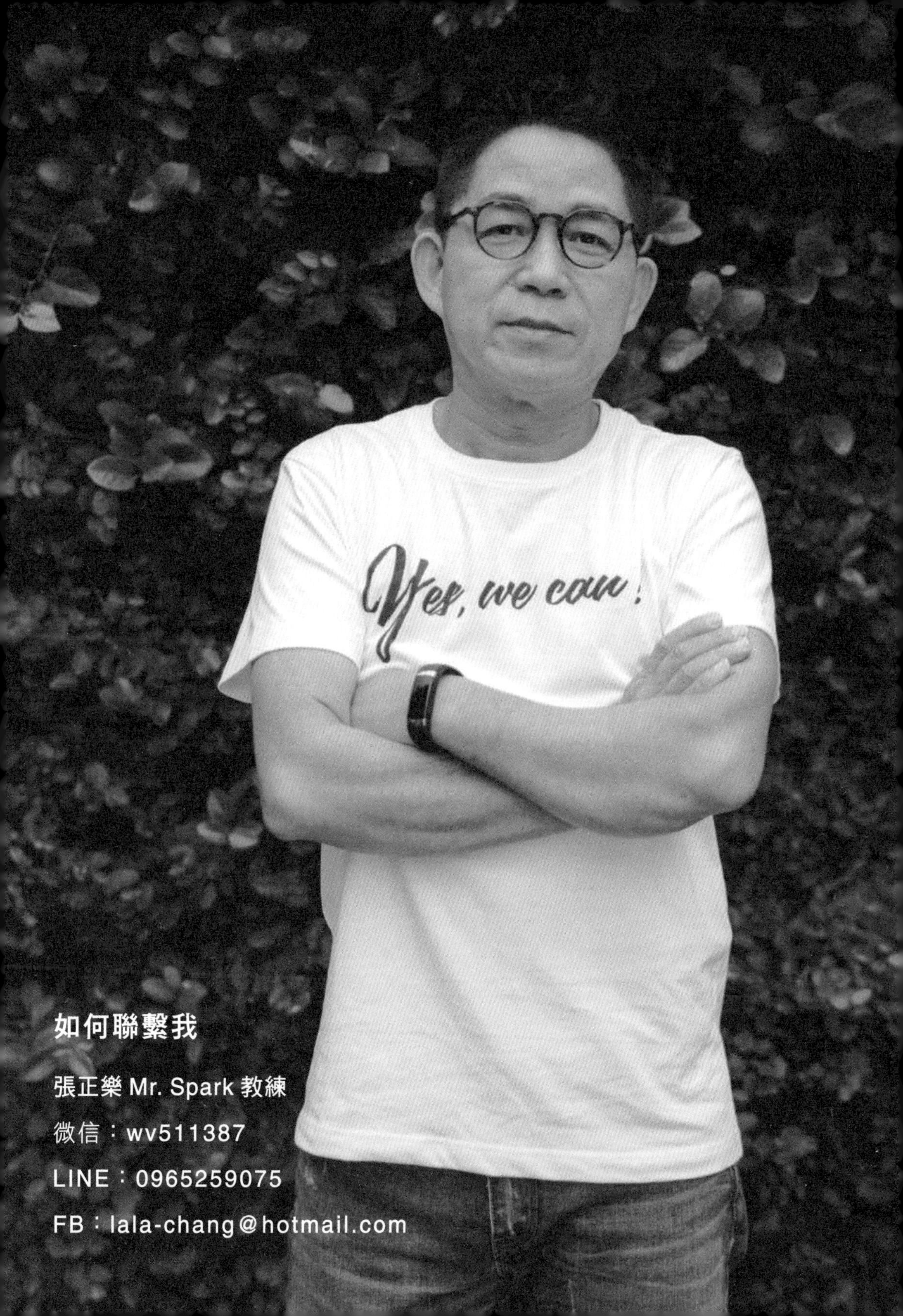

如何聯繫我

張正樂 Mr. Spark 教練

微信：wv511387

LINE：0965259075

FB：lala-chang@hotmail.com

第七堂課：吃哪些東西會導致肥胖？

食物之罪：高糖、高油就是高熱量

長期攝入高油、高糖、低纖維的食物，如汽水、可樂、罐裝飲料、漢堡、薯條等，這種飲食習慣為以後慢性病的發生埋下了隱憂。例如，常吃油炸食品不僅不利腰圍控制，更會讓膽固醇數值升高，而且有損肝臟。過量食用油炸食品一個月，對肝臟的損傷即類似肝炎。除了西式速食以外，中式速食（便當）也有較高的熱量，多吃對身體無益。

禍從口入！小心生長激素會導致內分泌紊亂

由內分泌腺或內分泌細胞的高效生物活性物質，在體內做為信差傳遞訊息，對身體生理過程有調節作用的物質稱為生長激素。它對身體的代謝、生長、發育和繁殖等有著重要的調節作用。

生長激素食品，也就是在養殖、生產、加工等過程中加入了生長激素的食品。現在市場上很多食品都含有生長激素，比如那些特別肥大的鴨子就是用生長激素餵養催大的。

動物內臟含有較多的膽固醇，而膽固醇是合成荷爾蒙的重要成分。此外，激素食品中還含有腎上腺素和性荷爾蒙（如雄性激素及雌性激素），能促進精原細胞的分裂和成熟。過量的食用激素食品會導致生長激素在體內堆積，而體內生長激素和內分泌紊亂是導致肥胖的一個重要因素。

midori

Yes, we can!
Yes, we can!
Yes, we can!

Chapter 2——

創造由我，寫出生命新篇章

樹立兒女榜樣
決心 窈窕動力
吳詩琳
Celine Lin
教練

以前不管是團拍還是自拍，我永遠是躲在最後面的那個人，我不敢站在鏡頭前，要不然就是拍照時，手會故意遮個半邊臉。夏天因為不敢穿泳衣，不敢讓人看見圓滾滾的樣子；游泳戲水的樂趣，對我有若天邊的星星。

現在，這種狀況再也不會發生了！因為瘦下來，帶給我不只有自信，也更勇於展現自己；不用遮遮掩掩，我可以大膽的展現曲線。但這條窈窕之路，我起初走得並不順遂，用錯了方式、繞了大彎路，既傷了身也傷了心。但因為兒女，我想當他們的榜樣，於是下定決心，再給自己一次機會，邁向瘦身窈窕目標。

長輩疼愛有加，從來沒瘦過

我從小就給疼愛孫女疼到骨子裡的阿公阿媽帶，老人家的育兒祕訣中，有一種堅持，叫做「阿公阿媽覺得你餓」，那不是你真的餓，而是老人家覺得你餓，所以正常三餐之餘，只要老人家開始「覺得你餓了」，各種好吃的正餐零嘴就會出現在你面前，仿佛看著孫女吃食，老人家也會產生心理滿足感似的。

這種疼愛伴隨著幸福肥的魔咒，讓我從小就長得圓滾滾的，人家說小時候的胖不是胖，都是騙人的！我一直到成長後，也沒瘦下來過，身為一個女生，小時候被疼愛餐餐吃到飽的幸福，長大後就變成心理與生理的雙倍負擔。

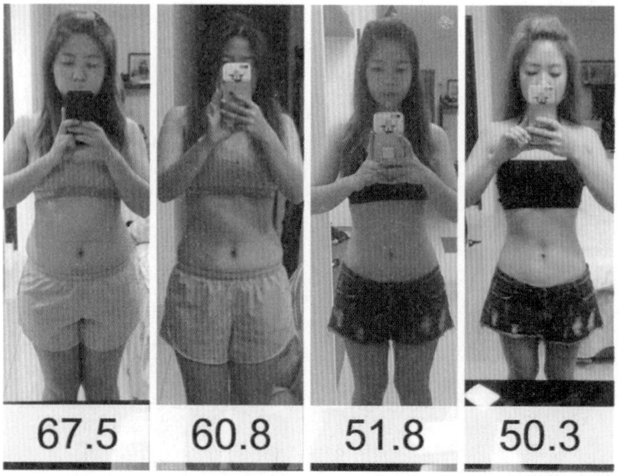

奇怪的是，這種幸福肥只發生在我身上，我三個兄弟姐妹，男的高帥，女的纖美，姊姊更堪稱校花，身為她的妹妹，不論在校或是親戚朋友之間，都會被私下議論比較，有朋友更直說：「怪了，妳怎麼跟你們家的兄弟姐妹長的不像！他們都長的很好看，而妳怎長這樣……。」

要求身材的環境，喘不過氣的壓力

每次聽見這種話我都很受傷，所以我從國中就開始想減肥，一直持續到後來上班、結婚，生了小孩，都還是沒斷過減肥的念頭，我很努力的嘗試讓自已變瘦變美，所以只要覺

寶妹
ID:27588
減脂/kg
12.0
減重/kg
15.7
減脂前
2018年05月08日
減脂後
2018年10月09日
體重：67.5 kg ➡ 51.8 kg
脂肪：25.0 kg ➡ 13.0 kg
體脂率：37.0 % ➡ 25.1 %
內臟脂肪：14.0 ➡ 6.0

得什麼方式對減肥有效，即使讓我頭暈目眩，但只要能瘦，我都會去嘗試，甚至還同時利用中醫針灸、吃西醫的減肥藥，但這個方式對我並沒有幫助，不僅傷身，還讓我傷心。

那時我對減肥的道理一知半解，都以外行人的角度減肥，花了不少冤枉錢，等到我明白瘦身的道理之後，自然而然也健康的減了下來。

在成為減脂教練之前，我所從事的，都是對身材、外形較要求的工作環境，像擔任新祕時，我在幫新娘子化妝的時候，會穿比較得體，因為我的皮膚不好，臉上很多痘痘，在工作的時候，我都會戴個口罩。我想我只要展現我的專業就好，然而，旁邊的人看了還是會說，既然是化妝師，怎麼也沒把自己打扮一下？

在機場的免稅店上班時，每個穿上制服的女生都明顯纖瘦，而像我這種中等身材的人，就比較不易受到主管的青睞。

結婚時，因為剛生完寶寶，體重居高不下，在宴客的時候，就聽到一些閒言閒語，所以我請新祕幫我把禮服背後的繩索拉到最緊，希望看起來有腰身，但卻聽到賓客說，怎麼背上多了個屁股？甚至很多人說新娘是不同人

嗎？怎麼跟婚紗照差那麼多？那一瞬間讓我胸中像是卡了一顆球，好一陣子喘不過氣。

言語真的會傷人，雖然它是無形的，但那話一出來，你永遠不知道會影響對方的心靈有多大？然而，真正讓我下定決心，必須要瘦身的原因，其實是我的小孩。

圓滾滾魔咒傳承給了兒子？

「是遺傳嗎？」我有時候懷疑著，兒子為什麼跟我小時候長得一樣圓滾滾，是長輩與父母溺愛的「一直覺得你餓」的環境，還是我跟先生都有肥胖基因然後遺傳給兒子？

有一次跟兒子聊天時，我對他說：「快學期末了，你應該已經交到很多好朋友了吧？」但出乎意料的，兒子說全班只有兩個人肯跟他玩，校外教學時，他都只能跟班上女生分組在一起。

身為母親的我聽了這句話，一陣頭暈心悸，趕緊拿出老師與家長群組裡辦活動的照片，仔細端詳，全部的人都在笑得燦爛，只有我兒子站的遠遠的。糟了！兒子被排擠了，我的思緒有如滾落一地的毛線，理不出頭緒。

或許是因為體重過重，體適能運動顯得笨拙，讓他被其他同齡孩子排斥霸凌，身為母親的我很難過，直覺上就想幫助他瘦下來。但是小孩子可不像大人那麼有動力，叫他去運動，可能也沒兩下就停了。於是我在想有什麼瘦身方式可以讓他輕鬆變瘦的方法呢？而且，既然希望兒子能瘦下來，那身為家長的我們，應該成為榜樣，瘦給他看，於是，我就找了老公也一起瘦身。

幸福小女人，也因幸福而覺醒

我跟我老公是二專的班對，他很照顧我，很疼愛我，也常帶我去吃宜蘭在地美食，吃著吃著就變成了宜蘭的媳婦。我懷第一胎的時候胖了二十三公斤，第二胎胖了二十五公斤，體重到達八十二。就連生完，餵完母奶結束，體重還有六十八公斤，但體貼的丈夫從來沒有嫌過我胖。

有時候我自己也會發牢騷，「老公我覺得我好胖、肉好多……」，他總是回應我同樣的答案：「不會啊！還好啊！」從來沒有因為我的身材而怨懟，我覺得真的嫁了一個好老公。也是因為這樣的寵愛，我之前並沒有動力想真正的瘦下來，不講身材，其實我還是一個幸福、被愛的女人，一直到愛的結晶出現之後，我想為了孩子，我們必須瘦下來！

然而，我覺得，老公這麼疼我，跟他一起出門的時候，熟悉的朋友有時候會開玩笑的對我說，叫我控制一下我的體重。雖然老公不會在我的身材上作文章，但六十八公斤的我也會覺得，他帶我出去，會不會讓他沒面子？或許老公本人並不介意，但我會有點在意其他人對他的評價。

還給伴侶一個當初的我

什麼事情都替我著想，一直在背後支持我的老公，我常想，我是不是該還給他一個當初他遇到的那個吸引他的我？

為了成為兒女的榜樣，也為他們找到健康的減重方式，我必須確認這個方式不會影響到健康與成長，深怕如果有副作用，會對兒女造成傷害。於是身為父母，我們責無旁貸，理應以身作則，率先嘗試與學習，當然我不會讓疼愛我老公閒著，把他一起拉入這個計畫中。

有點氣人的是，身為規畫與執行者的我，大概一個月後，才緩慢看到成果，而我老公一周左右，整個肚子就不見了！

或許是因為以前嘗試過很多減肥方式，有試過三餐只吃蘋果，結果吃到最後差點沒辦法吃東西，看到食物就想吐，變成有點輕微厭食症，身子其實很糟糕，也吃過減肥藥，竟然傷及肝、腎，所以體重降得很慢，但即使如此，我也不打算因為任何理由而放棄。

直到第二個月我瘦了十公斤之後，整個人像縮小了一號，很多人都跑來問我怎麼減肥的？在瘦下來後，氣色還可以維持這麼好？而且在我接觸各種減肥的方式裡，這是唯一爸媽可以接受支持的。

家人的健康，我來守護！

減脂前，我常常覺得會昏昏欲睡，整天很想睡覺，但無論怎麼睡，都覺得好像睡不飽，減脂之後，我發現我的精神變好了，即使工作一天，也不像以前那麼疲累。而小可愛、短褲、短裙，這類展現好身材的衣服，我以前沒有想過它會出現在我身上。

現在的我，就算穿上兩截式泳衣，也敢站在其他人面前。瘦了將近十五公斤，現在我的三年級女兒也會說：「媽媽，我們倆一起出門，大家會以為你是我的姊姊喔！」從小到大，「漂亮」、「美」這些詞彙原本與我無緣，也很少聽到人家說，充其量只會說我「活潑」、「可愛」；當然這些詞彙的意思大不相同，這讓我有很大的不同感受。

雖然說減肥的起心動念，有很大的部分是為了小孩，雖然某些原因，沒有特別將兒子拉入減肥的行列，但我現在會運用到正確的飲食觀，在食物上幫他選擇調整，讓我的小孩也能夠漸漸擺脫多餘體脂，保持身體健康。

除了小孩，在我們夫婦兩人瘦下來後，連帶的，我們的家人也想跟著我們一起減，連我母親在瘦了之後，她變的更有自信，也得到朋友許多的讚美，連原本最擔心她的脂肪肝也降了下來。還有我的伯母，她瘦下來後，醫生也幫她高血壓的藥量也減輕了。當照顧好自己，瘦得健康快樂的我，同時也可以照顧我的家人，幫他們拾回健康，這比中樂透還開心。

Tips

- 要了解自己的身體狀況，像我當初以為自己是肥胖，其實是內分泌失調，導致其它像是水腫、皮膚問題。在了解之後，利用正確的方式才順利減了下來
- 很多人覺得茶、牛奶，都是液體，但其實水的好處遠勝於它們
- 吃對食物、了解食物，食量要抓好，不用非得吃飽

如何聯繫我

吳詩琳（寶妹）Celine Lin 教練

微信：f7210132003

LINE：f7210132003

FB：吳寶妹

MAIL：kiss1013888@gmail.com

第八堂課：脂肪都藏在哪裡？

#YESWECAN·減脂小學堂

皮下脂肪

人體的脂肪大約有三分之二儲存在皮下組織。它不僅能儲存脂肪，還能抵禦來自外界的寒冷或衝擊，正常的維持內臟的位置，在維持健康上扮演非常重要的角色。

內臟脂肪

內臟脂肪是人體必需的，它圍繞人的臟器，主要存在於腹腔，少部分集中在肝臟，能儲存熱量、保護內臟。如果一個人體內的內臟脂肪過少，將嚴重危害健康。然而內臟脂肪也不是越多越好，一般人認為的脂肪指的是皮下脂肪過多，因為這種肥胖對外型影響大，一眼就能看出來；其實，內臟脂肪一樣會囤積，人體的內臟脂肪囤積過多，危害將遠遠大於皮下脂肪的過量囤積。

管道脂肪

血管、腸道、氣管這些管道裡都有脂肪，叫作管道脂肪。

肥胖的人往往會存在內臟脂肪過高的情況，促使脂肪更容易進入人體管道，使人處於冠心病和腦梗塞的高危風險狀態。所以說肚子胖最要命！脂肪越深入越危險。另外還會有「隱形胖子」，外表看起來不胖，但內臟脂肪較高。

與肥胖者相關最重要的指標就是腰圍。研究發現四十歲以下的人，女性腰圍大於八十五公分，男性大於九十公分，是心臟病的高危險群；四十歲以上的人，女性腰圍大於九十公分，男性大於一百公分，是心臟病的極高危險群。

當管道脂肪蓄積過多，就會引發一些生活文明病，還會引起動脈硬化，甚至是腦中風。具有管道脂肪肥胖的人罹患動脈粥狀硬化、腦梗塞、冠心病、心肌梗塞等心腦血管疾病的可能性明顯高於皮下脂肪型肥胖和體重正常者。所以，最重要的是減脂。

享受 吃喝玩樂
依然 快樂減脂 的男人
李牧恒
Marvin
教練

我給大多數人的印象，就是天天在美食堆中打滾，品美酒、吃美食，享受吃喝玩樂，這，就是我的工作。

我是個品酒師、葡萄酒貿易商，日常的工作就是品酒、選酒、推薦美酒給客戶，伴隨著葡萄酒，還需要推薦能夠搭配的美食；到最後，我成立了美酒美食社群，成了大家眼中的美酒美食達人。在我們的社群當中，每天有數十萬的網友等待我們的每日推薦，於是吃吃喝喝、開發各種好吃好喝好玩的產品，就成為了我的日常生活了。

不是要把肥胖怪罪到工作上，事實上，我是個從小就胖的人，從有記憶以來一直都是胖胖的，所以在我出社會之後，在英文名字被稱呼為馬文之前，同學朋友們都叫我「胖胖」，現在回想起來，還真像熊貓的名字。

胖到痛的體驗，寸步難移

有個醫生好友曾經說過，這世界上有這麼多胖子，是因為「肥胖不會痛」，所以大家不怎麼會去在意，等到想處理的時候，通常都比較嚴重了。

記得在二〇一七年十二月左右的時候，我開始感到全身疼痛，那個痛讓我坐也不是、站也不是，躺也不對。我痛到背是僵硬的，手腳也開始麻，我知道自己的身體出了很大的狀況，一定有問題，可是，人就是這樣的動物，出了問題不會先檢討自己，第一個先檢討環境。

於是我做的第一件事，先請祕書換張高一點的桌子，再不行，就請他換張更舒適一點的椅子，在我固執的腦袋當中，一直認為是因為坐姿不正確，才會讓身體不舒服。結果想當然爾，一點用也沒有，於是按摩變成一周兩次的固定行程，但只要這周稍微忙點沒處理，下周一定痛的寸步難移。

還有一點是最恐怖的，那時每天中午該吃飯的時間，肚子不餓不吃飯，等到想起肚子餓，兩三點吃了飯，之後胃酸、胃脹氣都來，非常難受，血壓那更不用說，飆高到太陽穴都是鼓起來的，回想起當初如果死在辦公桌上，真的一點都不奇怪。

見到七開頭體重數字，彷彿做夢

而《5000公斤的希望》一書裡頭的減脂教練 Jackie，是我多年的好朋

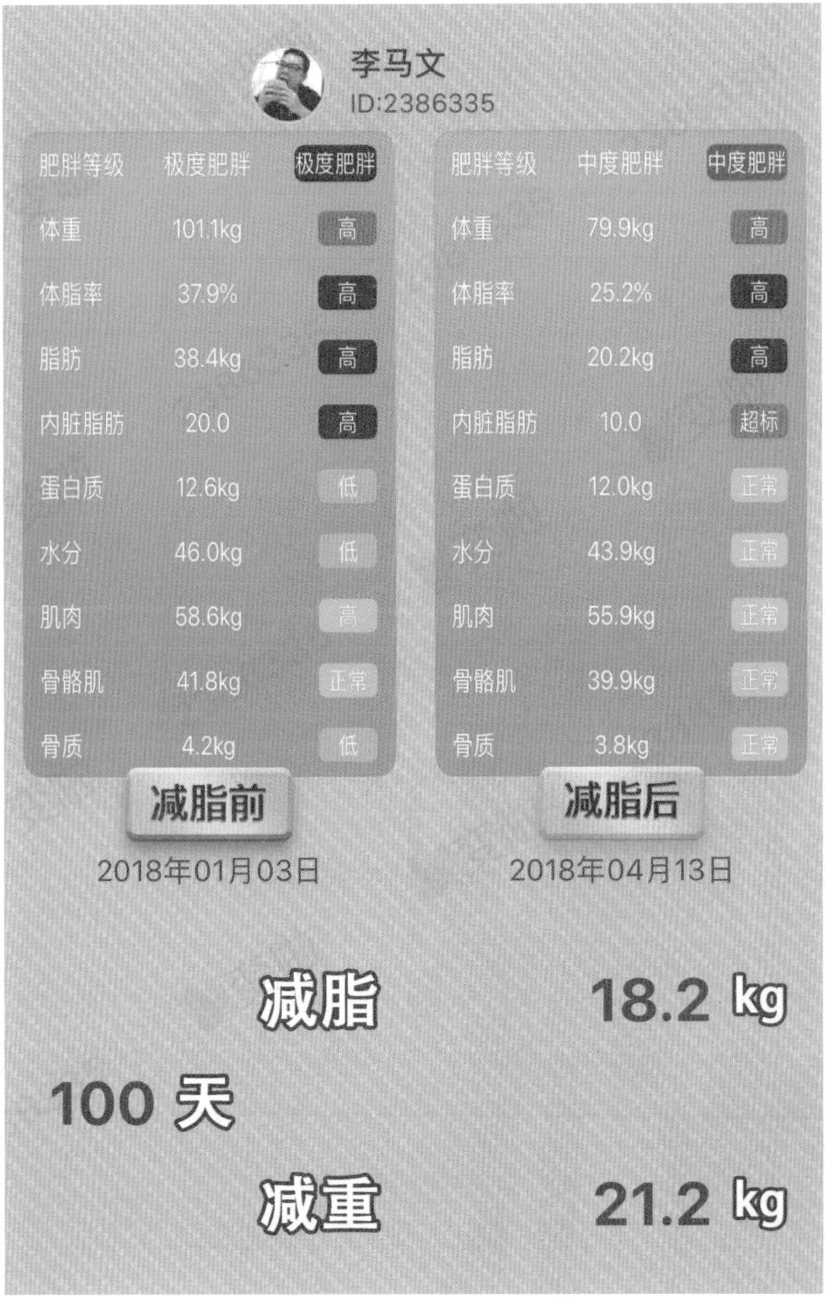
李马文
ID:2386335
肥胖等级 极度肥胖 极度肥胖
体重 101.1kg 高
体脂率 37.9% 高
脂肪 38.4kg 高
内脏脂肪 20.0 高
蛋白质 12.6kg 低
水分 46.0kg 低
肌肉 58.6kg 高
骨骼肌 41.8kg 正常
骨质 4.2kg 低
减脂前
2018年01月03日
肥胖等级 中度肥胖 中度肥胖
体重 79.9kg 高
体脂率 25.2% 高
脂肪 20.2kg 高
内脏脂肪 10.0 超标
蛋白质 12.0kg 正常
水分 43.9kg 正常
肌肉 55.9kg 正常
骨骼肌 39.9kg 正常
骨质 3.8kg 正常
减脂后
2018年04月13日
减脂 18.2 kg
100 天
减重 21.2 kg

PANMAXER
F.R.PARIS

友，在他剛剛開始瘦下來的時候就來聊過，希望我也能嘗試看看一起享受健康生活，但我那時候的心態和大多數人一樣，抱著懷疑的態度，想看看這樣快速瘦下來會不會有副作用，會不會復胖？我就這樣持續觀察，直到這次真的再也撐不住了，我清楚知道，再不行動真的會出事。

於是我直接聯繫 Jackie，和他說，你和我說過你所使用的方法，現在找你是要請你當我的減脂教練，我會好好配合，請你幫我瘦下來。

剛開始的時候，其實不知道這是什麼方法？以為要絕食，美食也要禁斷，而那個時候，身體已經很難受了，就算把食物放進嘴巴，也不見得有心力去享受、品嚐，那時候的心態，已經無所謂了。

但是這套科學減脂方法，讓我在一百天之內，健康的瘦了二十一點二公斤，從一百零一公斤掉到七十九點九公斤，七字頭體重的出現，結束了這段奇妙的旅程。為什麼選在這個數字作為減脂紀念日，因為這是我這輩子有記憶以來，第一次見到七這個體重數字，真的彷彿在做夢。

在減脂的過程中，可以說是非常順利，實際上雖然是一百天，但這中間包含了農曆過年中休息的一個月，以及幾次因為工作而出行的旅行，所以實際情況比數字上能看到的更神奇。

減脂的過程中，我沒餓肚子，我不斷的在學習和調整飲食結構，配合減脂三原則的標準，給自己設計了一套不錯的飲食內容，讓我在整個過程當中，遊刃有餘且輕鬆愉快。

理解食物，吃飽才會瘦

我的工作是吃美食，但不光是吃美食，更會去了解食物。不是單純覺得食物好吃，而是會去理解食物，推薦食物也不單單是它的口感與味道，更重要的是它的來源及背後的邏輯原理。

我吃食物，也認識食物，理解「吃」這一回事後，再來搭配合理的減脂方式，選擇正確的食物，就有辦法瘦下來。

因為對食物比較了解，所以跟著我瘦不會餓肚子，舉個簡單例子好了，如果要吃二百公克的食物才會有飽足感，那麼，豬肉跟蝦仁你會選哪一個？當然烹調方式也會有影響，但是選擇豐富營養、低熱量，低升糖且具有飽足感的食物，能夠讓你在減脂的過程中，每一天都過得很幸福快樂。

我甚至跟學員們說，要吃飽才會瘦。但這個吃「飽」，絕對不是把你的肚子吃得很大、很撐，而是要吃對食物，讓你的細胞獲得足夠的營養。

我對食物可以說很有研究，加上教練專業的減脂方法，所以在減脂這件事上加入了自己的想法，讓身體在下降的每個階段都很舒適。減脂，不是像溜滑梯一路到底，而是要像階梯式的緩和下降，只有在身體沒有壓力的情況之下，體重才能順利的往下掉。

瘦下來之後，身邊的朋友看了，都跑來問我為什麼可以在「吃」的工作，跟「減肥」這兩件事情上，達到這麼完美的平衡？

我覺得最重要的是心態，東西美味，我們好好享受，但不要過量，就像我是品酒師，但並不代表要喝很多酒，那就變成酗酒了。「享受」食物，而不是讓過量的食物過度填滿我們的胃；享受美食，不代表你要把眼前的食物吃完，把這個心態建立起來，就是科學減脂很重要的一個觀念。

瘦下來的世界不一樣，非常感動

我對於食物的認識，加上得到正確減脂的方式，讓現在每一天早晨醒來，能夠神采奕奕，能夠呼吸新鮮的空氣，非常感動。

胖子睡覺，其實是有困難的，有時候因為太胖了，而導致肺臟被脂肪擠壓，沒辦法深呼吸，晚上睡覺時會打呼，睡眠還會呼吸中止，所以胖的人很難入睡，就算睡著之後，也因為沒辦法好好呼吸，睡眠品質是很差的，會愈睡愈累，身體愈來愈差。

我在上海工作，有空才能回來台灣探望家人，以前放假回台灣，因為前一晚睡不好，早上起床常常已經接近中午了，一天當中失去了很多陪伴的時光。減脂之後第一次回家，父母親早上六點半起床，我可以準備好和他們一起出門散步遛狗，這看起來好像是件小事，但是，以前的我真的做不到。

胖子看到食物不敢吃，想睡覺的時候睡不著，該起床的時候又起不了，想運動卻動不了，想開懷大笑卻連深呼吸都做不到，試問，這樣的生活真的是我們想要的嗎？

胖的時候，我也曾想透過運動來減肥，但是，跑不動就真的跑不動，因為不管是腿、心臟還是膝蓋，全都負荷不了你的重量，可能運動個一天，就要痠痛個三天，然後那三天剛好把你失去的重量補回來。

可是現在的我可以規律的早起、晨跑，每天一點一點的在進步，對於會跑步的人來說，一天跑個三公里不算什麼，可是對於一個一百公斤下來的人來講，這已經是個很大的突破。我還記得我第一次一口氣跑完三公里，我覺得好高興，因為我活回來了，這是只有胖過的人才能體會的。

其實一開始的時候，我只是抱持嘗試的心態，所以我是偷偷減，有一天，一起生活的太太看著我說，你好像瘦了一點？我說，是的，我瘦了十公斤。

經銷商在減脂開始的前幾天看到我，等到第二個月來拜訪我的時候，嚇了一跳，又不敢明目張膽的問，就偷偷問我的祕書，你的老闆是生病了嗎？因為我第一個月就瘦十幾公斤，看起來差距不小，後來知道減脂之後，他也來減，並成功的減了二十多公斤。

正確飲食觀，能在美食世間穿梭

過年放假回到台灣，家人朋友見到我，都很驚訝也很高興，一般人聽到一百天瘦了二十多公斤，都會害怕，覺得是不是生病了？否則怎麼會三個月就瘦這麼多？

在這裡跟大家分享一個觀念，很多人想減肥但卻失敗的最大問題在於，多數的胖子「不敢相信」自己會瘦下來。很多胖子躲起來減肥卻失敗，因為他替失敗預留好後路了，知道就算沒有成功，別人也不知道他失敗。

我跟所有減脂的學員都說，「你要相信」這件事會發生，這才是減肥的第一步，看你有沒有信念，要先相信才有機會成功。

很多人之所以會復胖，是因為沒有減到「脂肪」，代謝功能沒有恢復正常，我們的方法是讓一個人的代謝功能恢復到正常，而且會養成很好的作息與飲食習慣，所以當減脂完成之後，不用擔心會復胖，因為你已經回到了一個「正常人」瘦瘦人的代謝水平了。

多數人都以為少吃多運動是瘦身第一步，其實選擇正確的食物，用正確的方式進食，比去克制你的食慾、拼命的運動，效果要好更多，當有了正確的飲食觀，才有辦法在這個充滿美食的世間穿梭。

我看到食物也會想吃，但再多看兩眼就會考慮更多，如果不經過大腦，想吃什麼直接吃，那就一起來學習接受和擁抱結果吧！

不管怎麼樣，不要傷害自己的身體，身體一旦受傷，就恢復不了；不要做極端的減肥，不要以極端的飲食方式，或極端的運動方式，來找回自己的身材。要知道，美食和肥胖不是等號，有很多好吃但會讓你瘦下來的食物，關鍵在於你怎麼看待放進嘴裡的東西？

當然吃東西還是要有選擇性，但是跟著我，不會餓肚子，可以快樂的享受美食，快樂的減脂。

Tips

・良好的作息很重要，關鍵是基礎代謝率，多喝水、多休息，讓身體保持平衡是管理體重的最佳方式。

・選擇吃正確的食物不代表要犧牲美食，美食有很多種享受的方式。

・減肥是七分飲食三分練，體脂率大於百分之三十的人不要從事激烈運動，會有心血管風險

如何聯繫我

李牧恒（馬文）Marvin 教練

微信：iammarvin

FB：李牧恒

IG：yeswines_marvin

#YESWECAN・減脂小學堂

第九堂課：脂肪過多會引發的疾病

肥胖的七大併發症有：脂肪肝、糖尿病、高血脂、高血壓、心臟病、高尿酸、睡眠呼吸中止症，條條可以要命。所以當肥胖超過一定標準時，其實不只一種病，而是同時發生心血管病、糖尿病、高血壓、肝膽、腸道疾病。

在臨床上經常有一個奇怪的現象，這些病同時來，幾種病往往同時聚集在一個人身上，包括心臟病、糖尿病、高血壓、高血脂以及高尿酸形成。同時這些病的患者，基本上有一個共通性就是肥胖。

這種病在臨床上叫 X 綜合症，又叫代謝症候群。代謝症候群已經成為臨床上慢性致死疾病的最主要病因，大多數患者都很胖，而且這些病沒有藥可以根治。

揮別淚眼 摘下微笑的健康果實

游舒涵 Miky 教練

現在才認識我的人，一定不相信在兩年多以前，我還只是個躲在自己的象牙塔裡的農家婦，但有一天，內心有個聲音告訴我，要跨出去看看外面的世界，多認識跟自己不一樣的人，眼界不同了，心胸才會變得更寬廣。

假如是幾年前，仍跌落在人生低谷中的我，怎可能會想到，有一天自己居然會因為瘦身成功，變健康變開朗了，而有機會將這段奇妙的歷程出版成書！過去內向膽怯的我，更從來沒想過，有一天我可以站在眾人的面前，因為誠心誠意說的每一句話，竟能夠徹底改變另一個人的人生！

十七歲小媳婦，嫁入政治家族爆憂鬱

我十七歲那年，就因為自由戀愛結了婚，結婚的對象是我們當地的「芒果王子」，我一嫁進去，就開始跟著先生一起務農。但當時年紀輕輕的我，不知道自己除了嫁入芒果世家，也因為公公的政治人物身分，等於也嫁進了政治家族。

由於我是第一個嫁進去的媳婦，所有人都會用放大鏡的標準，來檢視我這個沒有太多人生經驗的小女孩。在族人們的眼中，當時的我，就只是個才疏學淺、上不了大場面、不懂人情世故的無知小村婦。那些說長道短的耳語，常在我背後流傳，長輩們也習慣比較，在這樣的沉重壓力下，經年累月下來，我竟然不知道自己已經得了憂鬱症，無法紓解的心情，只能背地裡偷偷以淚洗面。

哪個長輩不喜歡擅於應對、嘴巴甜，討人歡心的晚輩呢？但偏偏我的個性就比較魯直，思考方式忠於自我，當時年紀又太輕，不管說話或者做事，都還不懂得多站在別人的立場去體諒對方。這種悶個性，在大家族中顯得格格不入，於是我的憂鬱症情況加重，甚至還曾有過輕生念頭，直到先生的事業與兄弟分家後，我長期背負的壓力才慢慢改善。

農忙期一結束，身材立刻大解放

大約是從兩年前，我開始漸漸發胖，原本大概是五十三公斤，之後體重機上的數字，就始終在五十七到五十九之間徘徊。身高一五九公分的我，因為比例的關係，下半身的大腿跟臀部特別容易長肉，看起來顯得很臃腫，也試過早上喝減肥奶昔當早餐，可是沒有用，那些脂肪還是囤積在我的大腿和臀部上。

我發胖的主因，是因為農人的生活型態，由於我跟先生一起務農，每半年是種植芒果的農忙期，忙碌時當然比較沒有空閒亂吃東西。但只要一到休息的另外那半年，壓力一解除，就想要大吃大喝來犒賞自己，於是，下半身就逐漸長起肥肉來。

可是我周圍的朋友大多也都是農人，大家都覺得農活那麼粗重，當然就是要有點壯的體格才能勝任呀，瘦子怎麼扛得起這麼重的粗活？每個人看見我，都覺得我這樣「福氣福氣」的感覺剛剛好！要吃得飽，才會有力氣工作。所以除了我自己，根本沒有其他人覺得我變胖了。

但後來，因為下半身逐漸變胖，不

太適應的身體反應也慢慢出現了，我經常要爬上山去照顧我們栽種的芒果，表面上看來，這好像是在從事登山運動，但其實我平日在山上，必須不停做一些消耗體力的重力勞動，並不像一般人的登山健走，身體的重量變沉重，長久下來，工作時也形成一種無形的重力負荷。

肉肉甩不掉，虛脫減肥路

於是我開始嘗試減肥，我每年都會有四十九天全素的素齋期，原本以為吃全素是最好的瘦身方法，想說只要完全不碰肉，不吃蛋白質就會瘦，再配合少鹽少油，但全素實驗的結果，只是沒有繼續發胖，但卻也沒有瘦。

後來我又試了完全禁食法，就是從早到晚都不進食，整天只喝水及吃一些水果。這方法的確瘦了一點，可是整個人會變得非常虛弱，腦袋暈沉沉的，短期內很快瘦下來，但復胖也很快，因為餓過頭，恢復飲食後反而吃得更多。

酵素梅減肥法我也使用過，吃了它就會狂拉肚子，不停地去上廁所腹瀉，排掉了水分，卻也同時拉掉了身體所需的營養素。一天吃一顆，每天都

舒涵
ID:25528
減脂/kg
5.6
減重/kg
8.6
減脂前
2018年07月03日
減脂後
2018年09月13日
體重：57.2 kg 48.6 kg
脂肪：16.6 kg 11.0 kg
體脂率：29.0 % 22.7 %
內臟脂肪：8.0 4.0

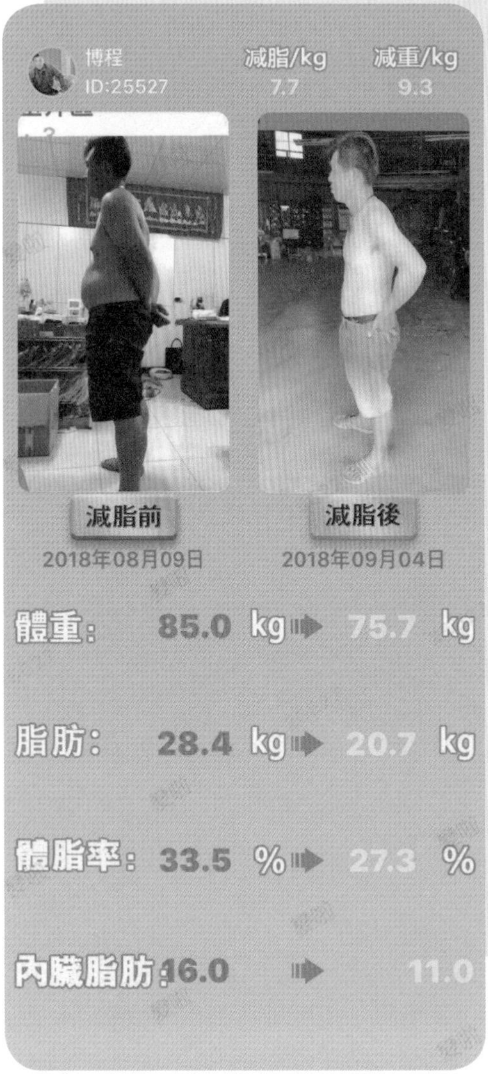

▲ 減脂前後全家福

◀ 先生減脂前後

感覺拉到快脫水，試了一陣子之後，發現根本也沒瘦，只是把我喝下去的水跟食物排出來，最後當然也是宣告失敗。

中醫西藥亂搭險送命

朋友介紹我去看中醫，這個中醫減肥法是中藥搭配西藥，由醫生針對我的體質調配藥方，中藥會排除身體的水分，西藥則是加強代謝，醫生交代我早餐跟午餐多吃一點，晚餐就吃兩顆蛋，盡量多吃豬肉，再搭配藥方。可是一但停藥，就會馬上復胖，體質也不知道為何開始變得過敏，全身癢到受不了，是那種從骨子裡鑽出來的癢。到了後期，我的心臟開始會發痛，上山農作時痛到不行，那種疼痛讓我察覺到不正常。

那陣子，身邊許多親友因為心肌梗塞去世，我很擔心自己會不會也這樣，找了許多心臟科的醫生，所有該檢查的我都做過了，就是找不出原因，這時離我吃這帖減肥中藥已經有兩個月了。當時一直沒懷疑可能是中藥，因為身邊的朋友也都使用過，他們都沒事，所以我覺得應該不是中藥的關係。

醫生問我是否有服用激烈的藥品或者減肥藥？我這才說有使用中藥減

肥，醫生說，很可能就是那顆西藥的藥效過強，才會造成心臟負荷過重，建議我先停藥觀察，於是我停藥兩個月，這種心臟疼痛的情況也就不藥而癒了。我很慶幸，自己有去醫院追蹤不舒服的原因，還好後來及時停藥，否則後果真的不堪設想，如果再繼續吃那顆不適合自己體質的藥，出人命也是遲早的事。

找對健康途徑，二十二天減脂九公斤

服用中藥的那段期間，其實有瘦三公斤，我本身不算肥胖體型，三公斤感覺已經挺多了，連旁人看到都覺得我有變瘦。但一停藥，不過才二個月，體重馬上又往上升，一切都跟減肥前的情況一樣，爬山時照樣會覺得才走幾步就很喘。

正當我灰心之際，發現有位朋友正在進行一項科技減脂的瘦身計畫，我默默觀察她，大概在網上追蹤她的減肥動態看了半年，發現她真的成功了，於是我主動去找這位朋友，想了解她是如何健康瘦下來的。我渴望能改善自

己的現狀，因為再不減肥，真的會讓身體處於受傷害的狀態。

經由朋友及專業減脂教練的協助，我花了二十二天，安全又健康的減輕九公斤，這瘦身成果，相當快速且有效率，已超越我原先設定的目標！出書前的我，體重四十八公斤，我的臉、手臂和屁股都瘦下來了！我開心的在網上平台分享成果，並且記錄我的瘦身過程，讓朋友們能從網路上見證我一點一點的變化。

改變人生轉盤，從踏上健康開始

摩羯座的我，個性上較為內斂，但嫁入政治家庭十幾年來，也學會了從觀察中多學習。看著小叔接手公公的政治人脈，看著他改變的過程，漸漸激勵了我也想要改變的念頭。過去，我很不擅長處理人際關係，講話容易得罪人，不是我個性不好，而是不知道該如何跨出友誼的第一步。

我改變自己，成功跨出去的第一步，就是開始在雲端交朋友，悄悄運用微商的經營方式，經由無鋼圈內衣，認識了不少朋友。我們女性的胸部，如果長期受到鋼圈內衣的壓迫，久而久之會誘發腫瘤，甚至引發乳癌病變。所以我最初的用意，就是想藉由無鋼圈內衣，去分享讓身體更健康的概念。

自從我減脂成功開始當教練，我的先生就搶著要當第一個學生，他屬於壯碩型的人。一開始，先生擔心這套科技減脂法會影響芒果的農收，會不會沒有體力應付農活？但我偏偏就挑在農收期來實施，而且愈忙愈好！果然，他前三天就瘦了四公斤！因為男人沒有荷爾蒙的影響，所以減脂過程會比女人更順利，最後他在三十天內瘦了十一公斤，成效比我的還驚人！

從我個人的經驗上來說，瘦身是增加自信的最好方法，也是改變人生最快的方法，但它必須按部就班，經歷痛苦後，才能感受到美好的成果。我是個愛吃美食的人，不能吃東西會讓我很痛苦，尤其是午餐時間，自己不能吃東西，還要幫忙訂便當，真的很痛苦！但因為我有了走向健康的動力，為了這個目標，我要更努力，因為只有我繼續堅持這個健康信念，才能影響或改變更多其他也需要幫助的人。

眼界不同了之後，婆婆跟家人也覺得我跟過去不一樣了，除了外型上變得亮眼，個性也圓融許多。身邊的人不再像過去那樣對我敬而遠之，大家都說我的笑容變多了，也開始會分享新的事物跟人生看法。關鍵是我自己願意改變，才讓大家改變了對我的態度，把我當成一個可以商量的對象，成為一個容易接近的人。內在的改變，比外在的改變更重要，大家也才有機會發現，從前外表冷淡的我，其實是個很熱心的人。

最後我想跟大家分享，人生沒有過不去的坎，只有你自己不想改變、不肯前進的那一步。瘦身時最重要的那一步，就是要持之以恆，不受外在影響的毅力。

我的先生從我的轉變過程中，認識了我真正的模樣，我們彼此都有各自的成長空間，也更懂得去尊重並了解對方。而我們也在變瘦的美妙經歷中，學會更愛自己，也更愛改變後的對方。

Tips

・一天一定要喝足3000c.c的水，因為水可以充分保養我們的皮膚，讓皮膚光滑水嫩

・多補充低GI的水果，譬如像火龍果、芭樂、水梨、蘋果

・平常飲食習慣要記得少鹽少油，以食材的原味來料理最健康

如何聯繫我

游舒涵 Miky 教練

微信：aa0912175209

LINE：0912175209

FB：游舒涵

IG：as0215p

第十堂課：肥胖與內分泌的關係

肥胖主要分為以下三類

第一類、單純性肥胖。是因為飲食、運動以及不健康的生活方式所致能量攝入過多而堆積體內，引發肥胖症，並導致內分泌的紊亂。

第二類、內分泌性肥胖。內分泌異常常伴有既發性肥胖症。如甲狀腺功能低下、多囊性卵巢症候群、腎上腺皮質功能減退、庫欣氏症候群等疾病均可以導致患者肥胖。內分泌異常常會影響脂肪的代謝，脫脂轉化酶（LPA）是人體分解、轉化、減少脂肪的核心成分，可以加速脂肪的分解速度。人體內LPA越少，人就越容易發胖，還會導致脂肪的長期堆積，這就是為什麼有的人吃很少的食物也會胖起來的原因。同樣的，也有人體內LPA分泌非常多，致使脂肪分解很快。所以內分泌平衡的人是不容易過胖的。

第三類、家族性特發性肥胖。這種情況常常找不到原因，檢查內分泌並無異常，吃得也不多，一般有遺傳基因與遺傳背景。

所以肥胖和內分泌互為因果，肥胖導致內分泌紊亂，內分泌紊亂又加重肥胖！

找回 身體機能
挽袖再做 捐血大使
蕭東民
Stanley
教練

能夠捐血，對我來說，是件非常具有意義，同時也非常有成就感的事。將自己健康的血液捐給其他人，不論對自己、他人，都是利人益己的。在你捐完血，走出捐血中心的那一剎那，你會覺得你是有能力去幫助他人的。

我曾經有一陣子因為肥胖的關係，去捐血時，總是得擔心自己的血壓，怕無法捐血。

但是，現在那些都不是問題了，我可以在時間一到，或是通知到來，就挽起我的袖子，朝捐血中心前進。我可以將我健康的血液，給有需要的人使用，想到這裡，我的心底就升起很大的滿足。

恢復健康，才有能力去幫助人

一九九八年一月十一日，當時我還在讀書的時候，就開始捐血，剛開始的時候只是好奇，覺得自己的身體很健康，那就從250c.c的方式捐捐看。沒想到後來就捐上癮了。我覺得捐血是件好事，又是自己能力所及，何樂而不為？

捐久了之後，就有護理人員問我要不要捐分離式的？我也答應了，到當兵前都持續分離式，只是，當兵的那陣子，體質有些改變，於是又恢復捐全血。

其實不管分離式也好、全血也好，只要能夠捐血，就是在幫助人。而在往後幾年，我的父親因年紀大身體狀況漸多，也常進出醫院，這更激發了我捐血的決心，我想，捐血既可以幫人，也能夠幫爸爸祈福，所以我就當個固定的捐血人。

有段時間，有位跟我比較熟的護理師還會打電話，跟我說中心缺血，而我時間到了可以去捐了。

捐血這件事，到底有多大的影響？當你站在急診室的時候，看到一旁的人需要血液，你就會知道這件事有多重要了？

身為一個病患的家屬，心中的焦急、無助，我感同身受，我曾經因為自己的父親被送到急診室，當他在急診室開刀的時候，護士叫我去血庫領血的時候，我拿到血的時候，心中有多感恩這些捐血人？

幸好有這些捐血人，如果沒有他們的熱血的話，我父親不知道該怎麼辦？而我也很開心自己是這些捐血人的一份子，能夠透過我的一點力量去

Stanley東民
ID:26594
減脂/kg
8.0
減重/kg
11.7
減脂前
2018年04月09日
減脂後
2018年05月11日
體重: 76.6 kg 64.9 kg
脂肪: 20.4 kg 12.4 kg
體脂率: 26.6 % 19.2 %
內臟脂肪: 11.0 6.0

幫助人。

旁人只看到我在捐血，或許不太了解我為什麼這麼堅持？捐血對我來說，不單純是為了幫人而存在，而是以一個曾經接受過他人血液的病患家屬，對於這個社會，提供所能盡的一點微薄之力。

所以，當我因為肥胖，血壓過高，有時候去捐血的時候，還被護士吩咐在一旁冷靜，等血壓正常之後才能捐。對一個常年捐血的人來說，還是打擊很大。於是為了恢復一個正常健康、想捐就捐的快樂捐血人，我打算開始減肥。

家族減脂奇幻旅程，遠離心血管疾病

不過，真正讓我想要減肥的契機，是在過年前，一個月內，我的堂姊夫跟他的兒子，相繼離開，這件事對我的堂姊以及家人們打擊很大。那次的過年，大家過得愁雲慘霧。

而他們會離開原因，都是跟心血管疾病脫不了關係，我突然警覺到，一

個人如果不注意自己的健康，什麼時候會走不知道，那自己不注重健康，又有誰能對你的健康負責呢？

而我太太也因為健康因素，導致她的身體代謝不正常，這幾年也是持續發胖，而發胖之後，很多的生理機能也會跟著出狀況，我們夫妻，是她先開始嘗試減肥，等她成功之後，一直鼓勵我也要減肥。

我一開始也不在意，認為我的身體正常，只是胖了點、血壓高了點，我寧願脹死也不要餓死，才不要去在意那些。不過在看到堂姊夫及他兒子的事，讓我對自己的健康，有了很大的警惕，加上想繼續捐血，於是跟著一起減，最因後也順利的瘦下來，一個月整整減了十一點七公斤。

這一段奇幻旅程，從我太太成功減肥開始，再來是我，我姐姐，之後就岳母、還有太太家族那邊的舅舅、舅媽、表哥等人，整個家族前後加起來約十個人，都瘦下來了。每個人都知道該怎麼吃、怎麼控制，而我也不希望再有撼事。

在減脂的過程中，我就算受到誘惑，也會去抵抗，我太太曾經故意拿著我以前最愛吃的香雞排，放在我的嘴巴不到兩公分的地方，一直叫我吃，還說吃一、兩口，不會多重一公斤。

我沒有讓她的計謀得逞，還是拒絕了，當我立定目標，想貫徹始終時，就不會再看其他的誘惑了。

改變生活觀，家庭氣氛新和諧

我跟我太太因為工作的關係，兩個人的飲食時間是錯開的，我在減脂時，所有的食材，都是自己處理。以前我們都外食，但後來都盡量自己準備，以前我吃東西一定要有醬料、要有重鹹、要有辣味，現在都調整過來了。

而我的工作時間比較彈性，小孩子大部分的時間都跟著我，我們兩個吃飯的時間差不多都在一起，他也發現我的飲食大不相同。只是小孩子畢竟是小孩，有時候他會說又不能帶他去吃大餐了。

雖然不再像以前餐餐都吃大餐，不過用餐的時候，他如果想吃什麼，我還是會帶他去吃，只是他吃他愛的，我在旁邊吃較清淡。我不會因為自己減肥，而限制小孩吃跟我一樣的東西。倒也不是放任他，只是我們已經大幅地減少重油重鹹的餐點了，過程裡我們也在調整小朋友的飲食方式。

而在這段期間，我覺得改變最大的，是我跟太太兩個人的生活觀。以前我們都覺得，雙薪家庭，飲食也都各自處理，三餐不定時定量，吃到最後，兩個人的身體都會出狀況。

我們都覺得不能夠再這樣下去，如果照不正確的飲食方式吃下去，如果其中一方的身體出狀況，一定會影響到另外一個人，甚至是整個家庭。現在透過飲食控制減重，我們雙方達成了共識，對家庭的美滿幫助很大。而且人一減下來，情緒會好很多。

以前肥胖的時候，因為身體不舒服，情緒一旦上來，是沒法控制的，而孩子那時候又還小、好動，我的口氣就會很差，就會發洩在小孩身上。我太太看到我無緣無故對小孩動怒，她也會翻臉，就這樣雙方關係冷到冰點，惡性循環。

回想起那段時間，工作壓力大、身體狀況又不好、血壓又高，又有暈眩的毛病，只要壓力一大，就會引發，連睡覺都沒辦法翻身，每天早上起床，一般人只要坐起來就可以了，我還要張開眼睛，等個三、五分鐘才能下床，要不然根本站不住。

晚上睡不好，白天也這樣，只是不能表現出來讓客戶看到，我必須撐下去，可是下班回家，想說要輕鬆一點，結果小孩在旁邊吵，尤其那幾年，小孩正是調皮的時候，太太的工作壓力也很大，只要小孩一吵，我就趕他回去房間。那段時間我還有胃潰瘍，胃食道逆流，常常半夜會被自己的胃酸嗆醒，如果是仰著睡可能會窒息。

自從體重減下來，飲食也調整正常了，我的胃潰瘍就沒再發作，人一輕鬆，壓力就沒有那麼大，跟以前的狀態比起來，已經好很多了，而我暈眩的毛病目前都沒有再復發。當然了，家庭的氣氛也改善很多。

而我最高興的，是我的血壓，以前每天吃藥控制，只能控制到一百六十，現在維持在一百三十幾，也不用再吃藥了。

SUCCESS RESOURCES
X
WHAT'S NEXT?
QUANTUM
LEAP
量子飛躍會員
Increased Income
Increased Net Worth
Greater Self-Knowledge
Sense of Peace
More Satisfying Relationships

選擇從根源改善，拋開肥胖文明病

肥胖影響到一個人的身體、心理，甚至影響到一個家庭，我是體驗深刻的。我覺得肥胖是個文明病，尤其是都會人較易得到。小時候住在鄉下的，每天都在動，交通也是踩腳踏車，要耗體力，一個人的運動量夠，食物單純，不會吃到太多的加工食品，身體自然健康。

可是都會的生活，像人們的移動方式幾乎都是通車，加上都市的天然食材取得不像鄉下那麼簡便，甚至還有很多人為了省事，而選擇加工食品，一般人就沒有辦法，把這些東西代謝；或是一個人的身體，因為機能性太弱，沒辦法將加工的食品代謝，所以我一直覺得肥胖是文明病。

而這個「病」，除非能夠根源去改善，像是每個人每天的飲食，還有水分，重新調整身體的代謝，要不然，除非你的腸胃弱，吸收不了，不然，每個人都有肥胖的可能。

我自己一路走來，發現只要找到正確的方法、找到對的教練，就會找到正確圓滿的人生。很多人在過程中，用了錯誤的方法不自知，找了錯誤的教練，永遠在那邊做惡性循環。

如果一個人想要減重，我覺得，一定要找到正確的方式。如果你很優秀，沒有肥胖的問題，我也希望當你身邊的人在為肥胖的問題困擾時，你能夠提供他們正確的方式，教導他們一個健康的減肥觀。

而現在的我，可以用我健康的身體再去幫助別人，不管是捐血，或是分享我的經驗，不管是實質上的，或是心中的善念，我都想將它傳播出去，再去感染給更多的人。

Tips

・飲食七八分，不要吃到撐，讓身體有休息的空間

・運動量夠、食物單純，吃原型食不吃加工食品，降低身體負擔，自然能維持健康

・全家庭族透過飲食控制減重，對家庭的美滿幫助大

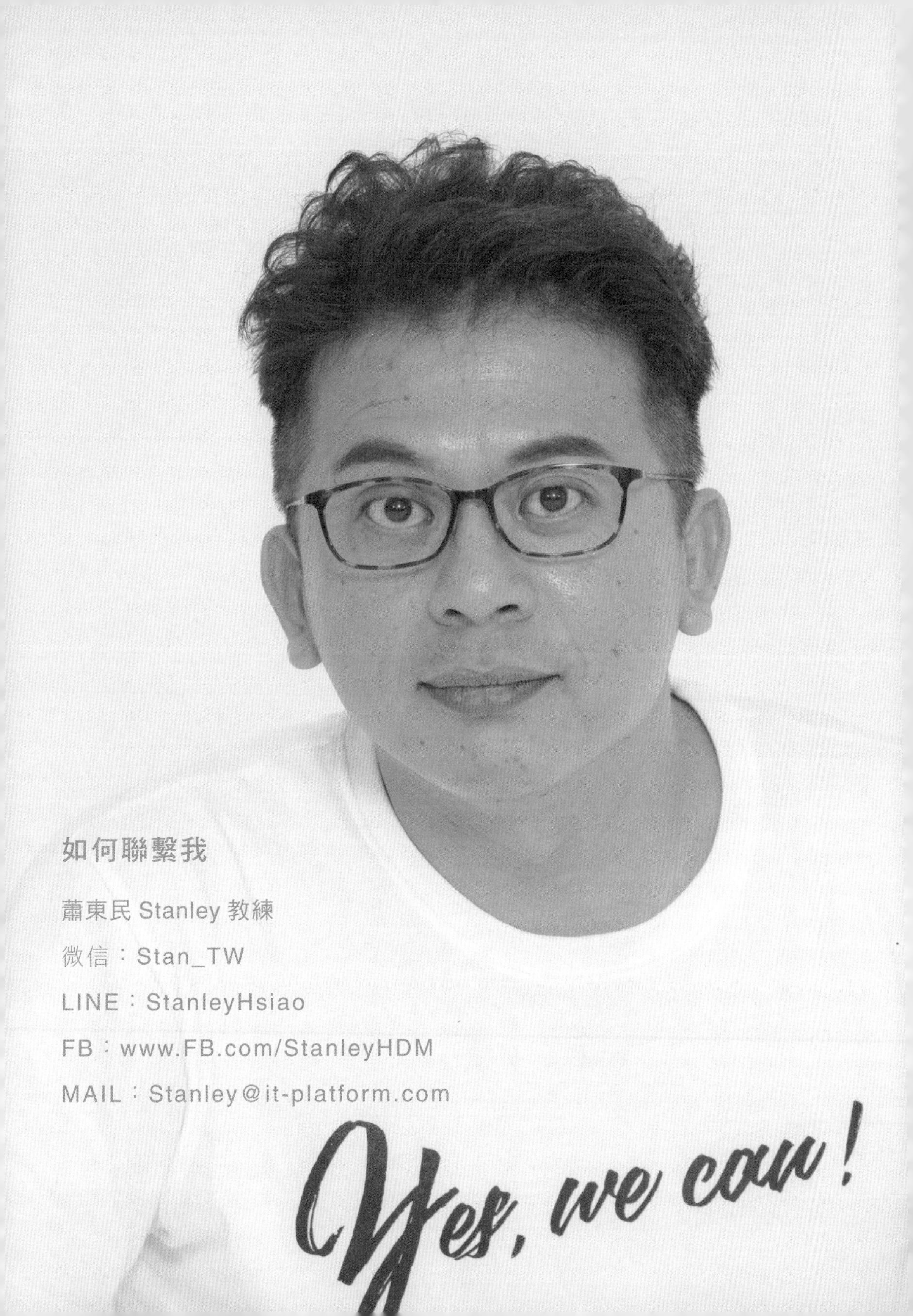

如何聯繫我

蕭東民 Stanley 教練

微信：Stan_TW

LINE：StanleyHsiao

FB：www.FB.com/StanleyHDM

MAIL：Stanley@it-platform.com

YES WE CAN・減脂小學堂

第十二堂課：不孕不育與性能力下降・肥胖對成年男女的影響

胖子性冷感多！人類性慾的產生是以性荷爾蒙的分泌為背景的，而肥胖往往會使性荷爾蒙分泌出現問題。因為肥胖導致控制性腺發育和運作的腦下垂體後葉脂肪化，使腦下垂體功能下降甚至喪失，以及性荷爾蒙釋放減少。

要想預防性冷感，首先就要減肥！而減肥最重要的是飲食要符合能量負平衡、低升糖及富營養的要求。據《印度時報》報導，印度一位性學家在《性功能與肥胖的關係》報告中指出，肥胖會影響男性性功能，男人的體重每超重五公斤，其生殖器就會縮短一公分。

為什麼會這樣？具體原因如下。

首先說說成人肥胖的問題，專家說，成年男性肥胖者的生殖器確實顯得小，主要是因為肥胖者的腹部、會陰部脂肪很厚，有一部分外生殖器被厚厚的脂肪包埋了，這樣就使陰莖看起來較為短小，但是其實陰莖並沒有真的變短，只是有一段被埋在脂肪裡了。一旦減肥瘦下來，埋在脂肪裡的那個部分就露出來了，就又大了些。

再說說從小就胖的問題。男孩在青春期如果較胖，會影響生殖器的發育，這是因為，肥胖可使體內雌激素明顯增高，從而影響生殖系統發育，並對內分泌系統產生影響。

男性欲望強烈與否主要取決於體內的雄性激素，男性過於肥胖會導致脂肪增加，使雄性激素過多地轉化為雌性激素。雌性激素血濃度可增加一倍以上，阻礙性荷爾蒙的分泌，導致性功能不同程度降低。

肥胖影響性生活質量的原因來自以下幾方面：

- 腹部肥胖，會妨礙陰莖進入陰道，也同樣影響性交動作的進行。
- 肥胖常伴有糖尿病。有百分之六十到百分之八十的成年糖尿病患者都十分肥胖。糖尿病容易引起神經與血管病變，調控性功能的神經、血管也難免受累。
- 肥胖常伴有高血壓，許多降壓藥物會影響性功能。
- 病理性肥胖，尤其是內分泌疾病引起的肥胖，這些疾病本身也會引起性功能異常。

當肥胖影響性生活質量時，要從根本上控制肥胖。要治療引起肥胖的疾病，進行低升糖、能量負平衡、富營養的飲食管理，再配合適度的運動鍛鍊，既有助於減肥，也有助於提高性慾。此外，可調整性生活的方式和體位，以提高性生活的質量。

跨越 天堂路 找回 最巔峰的自己

黃英凱 Nik 教練

曾身為海軍陸戰隊，同時也是兩棲蛙人的我，或許對自己的身材太過自信，所以就算後來變胖了，也不是太在意，而且大家都說我胖的樣子也蠻可愛，不論真假我還是虛心接受，哈哈！

我以前是有運動習慣的，對於健康觀念也有一定的了解，看著自己的身體像吹氣球一樣膨脹，雖然中間有些零星的減肥經驗，但因為沒有明確目標，也就沒有動力，常常是開始後就回到原點了。

日子還是照樣過，身邊又有美嬌娘，還有什麼好要求的？而真正在瘦下來之後，我體悟到，當初通過天堂路的自信與驕傲。我所謂的驕傲，並不是精實的身材，而是明白，原來，有時候就差最後一段路，只要跨越，就能夠得到自己想要的結果。

當機會來，我不會輕易放棄

在當兵期間，我的身材近乎標準，而在退伍之後，開始從事業務性質的

工作。既然是業務，就必須要與人接觸，應酬、聚餐肯定是免不了的。而飲食一旦不加以控制，作息又不正常，短短一年裡，我就胖了二十公斤。

其實身體的變化，我不是沒有警覺性，中間也嘗試花時間去做運動，但實在是沒有心力執行下去。當然我是會在意我的身材，只是在日復一日，不斷工作的環境下，對於減肥這件事，始終沒能上心。

然而，當機會來的時候，我也不會輕易放棄。

我很感謝我的乾媽 Tiffany，就是她讓我知道，原來生活還有另一種型態，生命還有另一種選擇。『好好的過日子』除了被日子推著走外，還可以開拓另一個境界。

雖然一開始只是抱著讓長輩指導的心態，乾媽平時都對我很好，不管她說什麼，我都願意傾聽、接受，當她帶著我和減脂總教練為堯老師認識後，我開始正視自己長久以來的肥胖問題。

我了解到這個方式真的可以改變我的身形，不會影響到我平常的生活，也不用買一大堆的瓶瓶罐罐擺在家裡，它非常簡單、容易，可以說減脂其實就是生活的一部分。

英凱
ID:21518
減脂/kg
10.2
減重/kg
15.2
減脂前
2018年03月21日
減脂後
2018年05月05日
體重：89.6 kg ➡ 74.4 kg
脂肪：25.1 kg ➡ 14.9 kg
體脂率：28.0 % ➡ 20.0 %
內臟脂肪：12.0 ➡ 7.0

打開洋芋片的袋子，克制自己只吃一片

而因為科技減脂的其中一個重要環節，就是不要攝入過多的熱量，或是負擔太大的食物，這跟我以前的飲食習慣又不一樣。我有幾次跟我減脂的戰友在一起時，我們曾經打開洋芋片的袋子，克制自己只能吃一片，要不然就是打開包裝，只吸那個味道，過程十分逗趣。

聽起來很可憐，事實上，有些加工食物，不要說減脂，對於健康來說本來就是大忌。只要有這個觀念，就會自然而然去減少接觸垃圾食物的機會。

然而，我也有想滿足口腹之欲的時候，只是那個過程中，可以說人生中第一次吃東西時會去注意熱量。

有時候心情不佳，又想吃東西，眼前有好幾種讓我開心的食物可以選擇，我就會去挑熱量最低的食物來吃。

在減下來之後，整個人可說是煥然一新，雖然先前對於減脂這件事好像可有可無，然而這次的心態跟先前不太一樣，有了目標就非常認真。

比常人的標準，再更多自我要求

減脂的過程，一開始因為很順利減了不少，給了我蠻大的信心，而到後面，距離所設定的目標愈近，速度就開始慢了下來，這時候，必須調整心態，我知道速度雖然慢了，但還是不能放棄。

畢竟，前面都已經瘦那麼多了，難道都是假的嗎？而且這個方式確實讓我在短時間看到效果，難道在這關頭要放棄嗎？

一件事的結果如果確定是好的，就更應該去追求，去完成設定好的目標。

我如此想著，然後比常人的標準，再更多自我要求，打算完成我在減脂的這條「天堂路」，我希望能夠瘦到我原本的樣子，最顛峰的狀態。

因為自己經歷過，我覺得每個肥胖者都是潛力股，除了讓自己本身更健康、體態更好，我覺得每個人都值得讓自己擁有更美好的一面。

我的伴侶在我最胖的時候認識我，現在依舊陪在我身邊，其實我到底是胖是瘦，她並不在意，但我想給她一個更好的自己，常常有朋友看我瘦了開玩笑說：「她真的是真愛！」

這一路走來，看到很多人因為瘦下來，而得到一些社會上的正向回饋，真的很棒！

我瘦下來後，客戶自動向我靠過來

我在當業務的時候，常需要主動去接觸客戶，而在我瘦下來之後，許多人反而自動的向我靠過來。

當我發現因為減脂這件事，可以去影響到其他人，其實真的很開心。雖然說一開始只是自己減自己的，但周遭的人的確受到了影響。

我在減脂的時候，身旁的人其實都在關注，因為我減的是體脂不是體重，減一公斤脂肪相當於四公斤肌肉的體積，我的臉變小了、肚子也消了，整個人的體態在短時間有很明顯的轉變。這種變化看在家人、朋友、同事的眼裡，就形成了一股影響力。

像我過往從事的工作，其實家族裡的親友是不太過問的，大家都是過著自己的生活，也不會去交流太多。但當我在執行科技減脂這件事時，他們突然非常的感興趣，還主動的提出需求，這點讓我感受非常明顯，親友之間的距離，好像也拉近了許多。

像我的小姑和她的女兒，在我的印象中，一直都是很瘦的，當她們提出需求時，我一度還拒絕她們。原來，我的小姑一直以來都有體脂肪偏高的困擾，因為體脂肪有時候囤積在一些地方，外表是看不出來的。

當她將測量數據呈現給我看後，我才知道她的體脂肪真的蠻高的，才會答應她，「好！不然我們一起來試試看。」

我覺得因為這件事，間接帶動了我們的感情。當然人與人之間，特別是親友，本來就有感情，但除了感情，也要常聯絡、走動，情誼才會長久。

沒想到因為減脂這回事，還能夠拉近人與人之間的距離，在這之前，大概是始料未及吧？

減脂不是一個人，是一家子的事

我有一個女網友，只見過一次面，在臉書上也鮮少聯絡，當她看到我瘦下來，也私底下問我是怎麼減的？因為她和她男朋友，即將邁入步入禮堂，她想要偷偷地瘦下來，給她未婚夫一個驚喜。最後成功之後，她的男朋友還請我吃飯！

因為瘦下來而被請吃飯的例子還不少，我有另一位朋友，也是透過線上詢問，但她可能有其他考量，沒有馬上就答應配合我的方式。我心想，肉是長在對方身上，就隨緣吧！

一個月後，那個女孩子又回來找我。

因為這個方式很有效，她也確實減了下來，就介紹她的妹妹一起瘦身，這一對姊妹花減下來後，她們的爸爸就注意到了。

這對姊妹花的爸爸長年在大陸經商，看到自己的兩個女兒都瘦了，覺得很開心。畢竟是女孩子，在花樣年華，不但外型得到改變，健康也獲得改善，爸爸還跑到我的臉書留言感謝。

後續，這位父親也主動表示想了解這個原理，最後也一起參與減脂。我沒有想到當初只是想幫朋友，最後竟改善到一個家庭！原來減脂不只是個人的事，它的影響力，竟然可以點線面的全面擴散出去。

減脂不是一個人的事，是一家子的事。這類的案例不勝枚舉，而我也很開心能夠透過這件事，讓大家都變得更美好，重新拾獲對人生的追求。

讓自己變得更專業，影響力擴大

目前為止，我所協助的學員們，幾乎都是主動上門詢問，一開始可能是好朋友，還有身邊較親近的人，慢慢地，擴大到很久沒有聯絡的同學，或是一面之緣的網友，包括覺得一輩子可能都不會再見面的有緣人，紛紛出現。

這股力量的擴張，數量之多，讓我正視起這件事。原來，有這麼多人因為體脂高而困擾，有這麼多人因為體態不美觀而煩惱，我一開始也只是當個消費者，照顧好自己而已。漸漸地，當十個、二十個、五十個，甚至上百人都跑來向我詢問，我如果再去問其他教練，再過來教他們的話，效率甚差。

我明白，我如果想要幫助更多人，一定要具備減脂知識方面的能力，讓自己變得更專業。因此也決心要把這件事學好，不斷地吸收這方面的知識及資訊，後來便成了教練。

我有一個願景，我希望生活周遭的親朋好友，或是任何一位認識到我的人，都不要因為脂肪這件事而傷腦筋。在減脂這件全民運動的活上，由我帶領大家走過這條天堂路，迎向更美好的未來！

Tips

- 每天一定要攝取足量水分，才有助於整個身體的機轉提升
- 飲食減量！與其這個、那個不能吃，不如減少攝取的份量來的更方便輕鬆
- 保持開心至關重要，沒有什麼比愉悅的心情，更能維持減脂的恆心

如何聯繫我

黃英凱（黃凱）Nik 教練

微信、LINE：wherebee

FB：Nik Huang（黃凱）

IG：nik393191319

第十二堂課：肥胖與睡眠問題

#YESWECAN・減脂小學堂

睡眠與肥胖一直是個熱門話題；最常見的是「睡眠呼吸中止症」，這是一種睡眠呼吸停止的睡眠障礙，指睡眠時呼吸間隔超過十秒以上，打鼾與呼吸暫停交替出現，有時呼吸暫停時間可達到二到三分鐘，每夜發作數次。常見的原因是上呼吸道阻塞，經常以大聲打鼾、身體抽動或手臂甩動結束。

呼吸中止症伴有睡眠缺陷、白天打盹、疲勞，以及心跳過緩或心律失常和腦波圖覺醒狀態。呼吸暫停使睡眠變得很淺且支離破碎，患者不能享有優質睡眠，即使睡足十小時也不能充分休息，從而導致日間精神不足及其它嚴重不良後果。

睡眠呼吸中止症可由多種因素引起，但大多與肥胖有關，百分之六十以上的肥胖患者患有輕重不等的睡眠呼吸中止症。睡眠的時間過少、睡眠品質太差，也會引起肥胖。

有科學研究指出，每天準時睡覺、起床可以有效抑制體重增加；睡眠時間低於六點五小時或高於八點五小時會導致體重增加；睡眠質量的好壞會對體重產生影響。

自律
才有美麗
創造自己的 生命自由
謝佳軒
Vina
教練

一個女人要面對的事情很多，或許有些事，無法自己控制，但「美麗」卻是自己可以把握的。當然美麗沒有一定的標準，但起碼你要知道，你，喜歡現在的自己嗎？

女人的壓力來自四面八方，既要做一個好媽媽，也要做一個好老婆，有些人會跟我抱怨她們累個半死，簡直像個苦命的媳婦，我會反問她們，這，是誰造成的？

「美麗，是要讓自己開心」。一個人想要選擇什麼樣的生活方式，長什麼樣的模樣，都是自己決定的，旁人說什麼，你可以參考，但決定權還是在自己。

從小就愛漂亮，把別人變漂亮更也是成就

從小，我就很愛漂亮，從十幾歲開始就幫人家塗塗抹抹，透過我的手，看到一個人從樸素的樣子，展現光采，讓他更有自信，創造出不同風貌，我覺得很快樂，也很有成就感。

可能是本身，也可能是家庭的影響，在我小的時候，姊姊就會帶我去逛

街，告訴我女孩子該選購什麼樣的保養品，而爸爸媽媽也說我從小時就很愛美，還曾經在國小的時候，就要求爸爸帶我去超市採購保養品。一直以來，我都處在營造美麗的氛圍當中。

我很享受把自己變美麗，讓別人變漂亮的過程與成就。我的美麗不假手於他人，我喜歡自己來。

「女為悅己者容」，這個「己」，指的是我自己，我喜歡把自己弄得更好，這樣的我，對於身材，自然也不會縱容，我的身材一直都是很標準的，健康管理也做得很好。那我為什麼還要減脂呢？

只要有任何能讓一個人變得美麗的事物，我都有興趣。而我所指的「美麗」絕對不是眼睛所看到的表象，一個美麗的女人，也必須要健康、擁有內涵。美麗，是由內而外散發出來的。

所以當我知道有科學減脂的方式，就興沖沖的跟為堯老師接觸，很順利的，我也瘦了幾公斤。其實我的身材還不錯，但減了幾公斤，但我覺得我的身體更靈活，精神也變得更好了。

什麼都做不以為苦，當老闆的心理準備

因為喜歡讓自己漂亮，也喜歡把別人弄得漂漂亮亮，所以我從以前到現在，接觸的都是跟美容相關的工作，我很久以前就知道自己想要什麼，在我二十歲左右，我就開始擔任美容助理。

雖然說助理什麼都要做，但我一點都不以為苦，因為我知道想要達到極致，就得先了解根本，必須穩紮穩打。美容的問題很多，像是怎麼樣清理痘痘、袪除粉刺，怎麼樣讓客戶的皮膚變得更好，我都認真去學習。

我知道，總有一天我自己會創業，會自己當老闆，所以我當助理時，就會去吸收不同的資訊，讓自己在這方面愈來愈專業，現在我已經是個工作室的老闆了，當然身為老闆必須承受來自跟員工不同的壓力，但我並不以為意。「壓力」對我來說，其實都是種挑戰，有時候還會有點興奮，旁人看了，都說我是個很奇怪的人。

我在當老闆之前，就已經準備好當老闆了。自己創業能夠有很多模式，也可以照著自己的方式去進行，不用受他人的規範，時間也很彈性。

人生是自己的，不必太在意他人眼光

我成長的地方，其實算滿傳統的，但我的想法與堅持，往往讓我的朋友覺得我這個人很奇怪，而我也不以為意，就只是順著自己的心、做自己想做的事情罷了！

雖然聽起來好像有點任性，但其實我的任性，是帶著自律的。像是我會在早上五、六點就起床，開始準備當天的工作，太晚的話，做不了事情，我認為浪費時間，就是浪費生命。

我還會事前規畫，像是出國旅遊，也會在幾個月前就準備好了。如果遇到不好的另一半，更換也滿快的。當然我會跟對方努力、溝通，但在明知雙方真的不適合，我就會捨棄。

畢竟，人生是自己的，不是別人的，又何必太在意他人的眼光呢！

我以前有些懂得命格的客人，也會叫我讓他們算一下，其實我不太相信所謂命理之學，我更相信人定勝天，但那些懂得命理的人，在看過我的命格，那時候就說我天生是老闆命。

其實有時候想一想，他們的話也不無道理，但我覺得歸根究柢，可能還是跟自己的個性有關。

我相信，一個人自律的人，才能得到自由。就算是工作遇到狀況，在夜深人靜時，我也會思考，是不是自己哪裡做錯，才會導致這樣的結果？如果是的話，就要及時修正。我嚴格的要求自己，也正是這樣的要求，才讓我在想做的事上，能夠得到我要的結果。

閨蜜瘦了，沒多久竟然就懷孕

現在我從事自己喜歡做的事，很多人還叫我「正妹製造機」，透過我的雙手，讓他們每個人從我工作室走出去的時候，都神采奕奕。

我對美容這塊產業本來就比較熟悉，所以在接觸這個減脂方式，差不多一個月左右，我就成了教練。我不只協助我的客戶，也協助我的家人、朋友，讓他們獲得健康，也因為如此，他們的人生都有點不太一樣。

我有個閨蜜，個兒不高，看起來有些豐腴，看到我短短時間內瘦了幾公斤，基於信任，她也配合我，也順利的瘦了下來，只是讓我訝異的，在瘦下來之後，她竟然受孕了？這對她、對我來說，都是十分驚喜的，因為在這之前，我們都知道她的體質本來就很難受孕，沒想到改變身體之後，她去渡個蜜月回來，竟然就懷孕了？

不顧傳統習俗說三個月前懷孕，不能告訴其他人的禁忌，她一知道自己懷孕之後，馬上就告訴我，跟我分享她的喜悅。

一個女孩子在結婚前，如果知道自己在婚後，沒辦法順利為心愛的人懷孕，其實她的心理是有負擔的。雖然現在大部分的人，都愛好自由，生小孩不在他們的生命選項當中，但是仍有一部分的女人，是想為心愛的另外一半，孕育他們愛的結晶。

所以，在知道閨蜜因為瘦下來，身體健康獲得改善而受孕，不只她，連

Yes, we

我都覺得非常、非常感動。肥胖時所帶來的不只是身體的影響，有時候也會有比較負面、悲觀的想法，對很多事感到不滿。然而，當這種人瘦下來後，你會發現他們整個人的想法都改變了！

我遇到一些客戶，在胖的時候，老是抱怨不受另外一半的青睞，等到他們瘦下來了，所得到的待遇又不一樣了！我希望女人的價值來自於自己的肯定，但如果來自他人的肯定，也是個人的選擇。

助人是生活的動力，找到生命的喜悅

有些人不會太在意自己的外表或身材，可能覺得自己皮膚這麼差，那就繼續差下去吧！或是已經這麼胖了，胖這麼久，也無所謂了，就讓自己陷在自怨自艾的情緒中，卻又不願振作起來。

我覺得每個人都很有潛能，就算是一個肥胖的人，當他瘦下來的時候，也像是和闐玉，光采非凡。

我有一些客戶，都是等到遇到一些重大的事情，或是健康出了問題，才會想來做調整。不管他是什麼時候來找我，時間都不晚，我都會想辦法幫他們。而我的出發點，都是為了他們好，我有時候會跟客人喊話，擔任他們的心靈導師。

與其要求他們盲目的追求美麗，我反而覺得，不如提供他們正面、積極的態度。

因為我的客戶幾乎都是女人，現在這個社會，已經給女人很大的壓力，如果我再一直跟他們說要到達什麼標準，那只是變相的施加壓力。不如說，我把我的客戶，都當作朋友，而這些女生的困擾，我會以一個朋友、一個陪伴者的角度，去讓他的身心都得到釋放。

等他們有能量，願意走出來，或是正視他們的問題，那個時候，就是以蛻變的姿態出現。當然了，我們不一定要做別人喜歡的樣子，但一定要做自己喜歡的樣子。像我每天都會照鏡子，我覺得，既然這輩子身為女人，就要做更好的自己。

我喜歡每天都做些有意義的事，不喜歡把時間浪費在無意義的事上。當然放鬆是必要的，但在放鬆的時候，我知道下一步要做什麼？像我現在成為教練，每天早上五、六點醒來的時間，就可能會有學員有問題向我請教，我都會去叮嚀他們要怎麼做？

我覺得幫助人是我生活的動力，我覺得很有意義，與其有時間去批評你不喜歡的人事物，不如把這些時間，拿去做你喜歡的事情。

我一直從事美麗這份行業，也很享受它。美麗其實不膚淺，它是證明你值得更好的呈現。外表也罷！體態也罷！當一個女人蓄積滿滿的能量，不論是面對這個社會，還是自己，都能迎接更好的時刻。

Tips

・盲目追求美麗，不如正面、積極的態度

・不要喝含糖的飲料

・細嚼慢嚥是飲食重點

如何聯繫我

謝佳軒 Vina 教練

微信：ina0617

MAIL：

vina0956094188@gmail.com

第十三堂課：肥胖與婦科疾病

#YESWECAN・減脂小學堂

肥胖已被公認是引起許多疾病的重要因素之一。亞洲女性的肥胖多突出表現在腹中部肥胖（蘋果型）。研究表明，女性肥胖者不僅影響形體，有礙觀瞻，而且更容易與以下幾種常見的婦科病結緣。

其一是乳癌。乳癌的發生、發展與雌激素有關。肥胖婦女體內雌激素除卵巢分泌的一部分之外，還可由脂肪組織生成相當可觀的雌激素，雌激素越高越容易患乳癌。積極控制體重有助於預防乳癌發生。

其二是卵巢癌和子宮內膜癌。肥胖已被認為是子宮內膜癌的高危險因素。由於多數肥胖者都可能有高血壓、高血糖、內分泌激素紊亂，其中雌激素是誘發子宮內膜癌的主要因素。更年期婦女肥胖者，罹患這類癌症的機率更高。所以，肥胖女性一旦出現月經紊亂、經期延遲或絕經後陰道異常出血，應及早去醫院檢查。

其三是卵巢機能不全症。下腹、胯部、臀部肥胖的更年期女性，應該警惕是否是生殖腺素荷爾蒙過低引起的肥胖，這種肥胖與卵巢功能衰退有關。女性進入更年期時，卵巢不排卵，並引發功能性月經失調，這時有可能大出血也可能流血不止；如果皮下的脂肪轉化為雌激素還易引起絕經期後延；統稱為「卵巢機能不全症」。出現這類情況，要及時到醫院診治。

其四是不孕症。女性不孕多與月經失調有關。肥胖女性儲存在皮下的脂肪容易刺激子宮內膜，會造成月經不調。同時患有內分泌紊亂、甲狀腺功能低下的肥胖患者也易造成不孕。為防此類不孕，有專家認為，女性最好將體重控制在準體重正負百分之十的範圍內。

自由奔放夢想家
遇見 二十五歲的自己

楊宜菁 Jasmine 教練

很多人都認為一個女人在成為人妻、人母之後，就失去了自己，所以對婚姻感到恐懼，講到家庭，就裹步不前。然而，進入家庭並不是讓一個女人不再進步的藉口，角色轉變了、身分轉變了，然而，想要探索世界的心卻不會變。

在踏入婚姻之前，我是一位自由奔放的夢想家，無論是想參與的活動、想經歷的旅遊，甚至是想從事的工作，只要有那麼一絲機會，我便會盡力追求，不停地為人生尋找下一個目標。而成為家庭主婦之後，我發現所謂的家庭主婦，卻可以展現不同的姿態，讓生活更亮眼。

媽媽，你有勇敢嗎？

之所以會改變我的人生，起因竟然是我的兒子？一向由父母帶領、指導的孩子，竟然也成為我的導師。

去年，剛結束暑假的大兒子表示，他並不太願意回到學校，或許是因為脫離學校生活太久，要面對新的學年、新的環境，讓他有點恐懼，於是，我鼓勵他要勇敢的面對新學期。

兒子看著我，問：「媽媽，那你有勇敢嗎？」這句話讓我感到震驚，好像有什麼東西被敲碎了、驚醒了！因為一直以來，我總是在孩子的面前，揮舞著勇敢的旗幟，鼓勵他們向前衝刺，告訴他們人生的大道理，而自己卻待在原地，把對家庭的責任當成藉口，將自己侷限於狹小的生活圈之中。

我鼓勵孩子勇敢向前，而自己的未來裹足不前。這樣的我，要怎麼教導孩子呢？我以為我在教導孩子，孰不知，孩子卻成了我勇於挑戰新生命的動力。

為了成為孩子的旗手，我決定開始經營行動美容。在孩子進入學校後，我利用孩子在學校的這段時間，經營行動美容。跟人群的接觸，讓我愈來愈開心，也找回了當初那個自由奔放的自己。我很慶幸，我的原生家庭給了我很大的自由度，讓我享受到生命的美好，而在生了小孩後，我依然跟這個世界保持接觸。

由於老公職務的關係，時常往返於海外各國，陪伴孩子便落在我身上。逛菜市場、公園玩、到圖書館、欣賞畫展……藉

減脂前

減脂後

莫里斯
ID: 42970
Reducefat/kg Reduceweight/kg
18.0
11.0
TAKE IT OUTSIDE
Before
Now
2018/07/09
2018/09/22
Weight 87.3 kg 76.3 kg
Fat: 33.7 kg 15.7 kg
Body fat tate 38.6 % 20.5 %
Visceral fat 15.0 7.0

著參與許多活動，我希望孩子透過自己的感官認識這個世界，學習找尋自己的目標。

我告訴他們，你們往前進吧！這個世界很大，你們所遇到的每件事，不管是好是壞，都是你的體驗。就算面對充滿未知與變數的世界，也無須害怕。要你們知道，媽媽永遠是你們最強力的後盾。

我支持、鼓勵著孩子，卻忘了自己也可以前進，而不是只是平穩地邁入中年歲月，忘了自己也曾經對這個世界有熱情。

在孩子的那句話後，讓我甦醒了，我跟著孩子，真正的投進了這個世界。

別束縛家事中，應該帶著家庭走向美好

我可以讓自己變得更好，我設定目標瘦五公斤，重點不是「體重」，而是我減去了不少「脂肪」。雖然有些長輩認為我較婚前少了幾分福相，但我能夠明顯感受到，除了外表，精神、體力也變好了，做事也更有效率。

以前光是忙著照顧兩個孩子，就消耗了我大部分的心力，現在反而多了許多時間，可以去做以前心有餘而力不足的事情。像是我開始在圖書館申請擔任志工，重溫從前的書蟲夢，也開始參與教會的陪讀計畫。

我曾經以為，將所有的心力全都放在孩子的身上，就是一位母親的責任了。然而，我發現，當我好好的做自己，像是參與教會的陪讀計畫，我盡一己之力，希望讓其他孩子也有機會認識書籍的美好。

在我陪著其他孩子的同時，相對的，就減少了我跟自己孩子相處的時間，我曾經因為減少和他們的相處，而心有愧疚，而我的孩子卻反而安慰我，媽媽，沒關係，你去陪他們，我們自己會照顧自己。

孩子的話，讓我很感動，他們的話，讓我有勇氣往前邁進，而我所踏出的每一步，都讓我驕傲地說，我是孩子的榜樣。

在感受到身為一個家庭主婦，原來可以這麼美好，而不是蓬頭垢面，整天只能在廚房跟小孩中周旋，只要改變，可以是不一樣的家庭主婦。因為自己角色的關係，我看到許多的婆婆媽媽，都有類似的處境，她們盡全心全力地守護著家，卻也在無意間，將自己束縛在繁雜的家事之中，縮減了自己的生活。

妻子或母親，應該是帶著整個家庭走向更美好的地步，而不是讓家庭的擔子壓垮這些女人。在她們身上，我看到了以前的自己，那位還未被孩子當頭棒喝，一棍敲醒的自己。

我的改變，給了她們希望。對於那些勇於踏出第一步的行動者，我除了學習當一位稱職的減脂教練，更覺得，如果我本來就是一個照顧者的角色，不論是家庭，還是這些學員，當對方將信任託付於我時，我都有責任不讓他們失望。

繭居族改變了，活力四射吧！

敞開的心，讓我沒有停止學習，以為只能待在家裡，每當朋友跟我分享新的訊息、新的知識，我都很有興趣去了解與接觸，減脂亦然。

了解減脂，並成功減下來後，我一樣從事我的行動美容，一樣跟地方媽媽們分享我親愛的爸媽種植的蔬果，不同的是，在我瘦下來之後，朋友們追問我，還有我先生是怎麼瘦下來的？

我先生的減脂成功，可以說是我的驕傲，因為我運用到以前跟營養師學到的配餐比例，幫老公準備愛心便當，就算上班也不需要將就外食，所以在短短的三十八天內，就減去了十七公斤的脂肪。我常常利用他的例子，跟許多人分享。

在我的學員當中，不乏各行各業的翹楚，他們在減脂之後，除了美麗，更找回了健康，有的跟我說，他連高血壓藥都不用吃了，有的說睡眠品質變好了！聽到他們的改變，讓我每每感動的熱淚盈眶。

我感謝上帝，讓我能成就超越金錢的價值，朋友改善了健康。

在我協助過的案例，Anita姐的改變最令我感動，也感觸最多，在外人眼中，她精明幹練，經濟不虞匱乏，且子嗣成家，卸下家庭大任的她，不再需煩惱柴米油鹽醬醋茶，接下來的人生應該充滿著自由與夢想。

然而，她卻選擇成了足不出戶的繭居族，靠著社交軟體和購物網站避開了外出的需求。先前幾次相聚時，她表示現代的科技很方便，現時生活並無所缺，若人生沒有發生重大變故的話，便打算這樣安穩地度過清閒的晚年。她所缺乏的，是動力。或許許多女人，包括以前的我，都以為日子就這樣了，沒有什麼變化了，覺得人生只能這樣過了。

而我改變之後，Anita 姐立刻向我詢問瘦身的方法，在短時間內，我收到了一張照片，Anita 姐說她穿上了五年前就套不上的白長褲！我不禁相當感動，因為我知道，她願意接受「改變」了。

接下來，更多的照片傳來，一張張鮮明而活力四射的照片，次次都讓我心頭激動，因為我看到這位尊敬的大姐，她又願意踏出家庭、發揮她的所長，開始感受生活、擁抱美好，而不是有如死水的過日子。

孩子每天都在成長，母親也要學習突破

我們很容易拿各種理由說服自己，像是女人，已

經為人妻、人母，就該收斂起自己的夢想，好全心全意投入家庭，但，正是這種思考模式，讓我們限制了自己的未來。

疏不知，家庭是我們人生的一部分，我們可以帶著家庭一起往前進，連帶的影響周遭的人，而不是讓自己被所謂的「責任」，限制了自己的發展。所謂的「限制」，其實都是出於自己的心態。當我們認為我們是個什麼樣的人，可以做什麼樣的事，我們就可以達到，即使你的身分叫媽媽。

很高興我的大兒子的那一句話，讓我能在不斷往前進的過程中，回頭審思當初的起心動念與心態轉變。

曾經，我以為我只是一個安分守己，只能在家庭、小孩、學校等這些世界中周旋的女人，沒想到，透過這個角色，我有了許多意想不到的經歷。我不只是位家庭主婦，我還是圖書館的志工、課後陪讀的媽媽、行動美容的經營者，而且還是影響許多家庭，迎向健康的減脂教練。

陪伴孩子成長，是我的初衷，這一點讓我認識了許多婆婆媽媽，我知道許多家庭主婦和我一樣，擁有夢想，並等著實現。

為家庭付出的女人們，別忘了，孩子每天都在成長，母親，也需要多一點學習，生活也要有突破。別因為自己的角色而受限，跟我一起找出不一樣的色彩吧！

在這裡，我也要感謝主，因為祂安排孩子的到來，擴張了我的境界，讓我與世界接軌，因著減脂認識為堯老師，從他身上我學到，為使命而做，且時時刻刻充滿能量、認識和我一樣愛極了美食的Joyce、認識在美國執業范華年中醫師，還有休士頓、新加坡、香港……各地的朋友，能一起開心減脂。

還在等什麼呢！快來和我們一起分享喜悅吧！

Tips

- 開心
- 開心的吃
- 開心的吃跟玩

如何聯繫我

楊宜菁 Jasmine 教練

微信：Love_17_Beauty

LINE：0987247287

FB：楊宜菁

YESWECAN・減脂小學堂

第十四堂課：生長發育期肥胖對性格的影響

肥胖兒童壓力大

肥胖不但會對人體產生各種影響，而且會對人的心理造成許多不良影響。

肥胖兒童易自卑與自閉

肥胖除了會帶來心理上的不良影響外，還會帶來性格上的不良影響。之所以會產生自卑，是因為肥胖會使兒童遭到周圍人的取笑和嘲弄，造成內心痛苦等各種心理壓力。

肥胖對性發育的影響

肥胖影響性器官生長發育的原理分析：生殖器發育不良的人群中，過半是肥胖者。內分泌紊亂而導致睪丸和陰莖海綿體發育不良，出現陰莖短小、肥胖男孩女性化等症狀。

性早熟與畸形

應該承認，性早熟是一種病。而科學家認為，性早熟發生的原因非常複雜，一般認為是遺傳因素與生活環境因素相互作用的結果。飲食結構不合理、營養搭配失衡等都可能提早啟動第二性徵的發育。

性早熟和肥胖是兩個不能分開的問題。肥胖是性早熟的重要原因。

身材這檔事

別當 旁觀者

只當 實踐者

楊文顥 Pitt

教練

「上帝在幫你關一扇門的時候，會幫你開另外一扇窗戶。」人生在轉變的時候，最重要的就是「接受」，接受「關門」，才能看到「開窗」。我曾經因為工作收入不穩定，財務上面臨很大的問題，加上自己投資理財的觀念不對，造成嚴重的負債，我也試圖解決這件事，卻沒有成功，後來，我接受了轉變，從另外一扇窗，看到了更耀眼的陽光。

「勤能補拙」，我一直相信這句話，於是在不同的領域，我努力的學習，也透過我的努力，看到了成績。

恐懼來的時候，需要勇氣

先前我在開店的時候，有一個好朋友來找我，一直邀我去他們的公司，我那時覺得我店開得好好的，幹麼一直找我過去呢？後來拗不過他的熱情邀約，我去他們的公司，看到了一些過去沒有看見的東西。在那時候，我覺得有些恐懼。

我的恐懼是因為我知道，如果再不改變的話，我將來就沒有機會，而且我雖然在開店，可是那時候是負債的。在負債的狀況下，又要面對新的抉擇，那一次，我在三天內，就結束了十來年的工作，打算從零開始。

我那時已經成家，老婆不懂我為什麼這麼快就做決定？因為我原本只是跟他說，我想去試試看，沒想到這個試試看就一頭栽進去。對一個三、四十歲的男人來說，中年轉業，其實是個很大的突破，要面臨很多的挑戰，不論是自己，或是家人。

我雖然感到恐懼，但是當恐懼來的時候，需要勇氣，但是我覺得我的是「傻勁」，而不是「勇氣」，畢竟當時已經遇到了人生中的問題，看你是要解決問題，還是你被問題解決？

我帶著積極、學習的心態，去另外一個新環境，去做房地產。人生第一間售出的房子，在一個月內就成交了。

這筆交易，給了我很大的信心，並且帶著這份信心繼續做下去。我把過去的經驗，結合到我現在的工作上面，從一個人銷售、拓展到一個小組，從剛開始售出一間，到後來一個月好幾間，都可以得心應手。銷售房子是一回事，我覺得最重要的還是自我挑戰。

為什麼我要轉業？為什麼我要做這件事情？對我來說，我知道我結婚了、我有小孩了，就要負起責任。而在中年轉業的過程中，首先要做的就是提升自己。所以我不斷的去上課，不管是銷售，還是心靈的課程，只要時間允許，我就會去學習。

勤儉持家，累積體重？

我的業務工作需要接觸客戶，接觸客戶難免會吃吃喝喝，累了回到家之後，難免再吃些宵夜，就這樣，把自己曾經胖過，後來減下來，維持十幾年的身材，在那三、四年中，又開始變胖了。

我人生第一次減肥的時候，是在二十幾歲的時候，那時候花了三個月的時間減了十五公斤。第二次，我花了二十五天，就減了十二公斤。

第一次胖是因為之前交女朋友的時候，她很喜歡吃東西，每次東西都只吃一點，然後就交給我，我向來勤儉持家，為了避免浪費，以及展現男性的氣魄，我就會幫她把東西吃完，就這樣，跟她約會的時候，從夜市頭吃到夜市尾，每次都這樣，不胖也難。

後來，女朋友變成老婆了，也有小孩了，小孩吃不完的東西，老婆就會說，拿去給爸爸吃。加上外食，肚子不大也難。

而且我發現，兩次胖的狀態是截然不同的，年輕的時候，雖然是胖，但起碼是平均發展，等到中年發福，就只胖在肚子，等於說身上多了個游泳圈。正好公司有個健檢的活動，結果數據出來的時候，醫生就警告我，我的脂肪肝、血脂，都有問題，再這樣的話，代謝會出問題。

那時我才警覺到，應該要減重了，可是因為最胖的時候都過了，動力就沒有很高。

後來，有兩個同事在起鬨，兩個人說要減肥，從元宵節說到端午節，還沒進展，我在旁邊聽都快受不了了，剛好有另外一名同事，也是我的好友，我發現他在兩個月的時間之內，肚子就消掉了！

我有點震驚，因為過去我有十幾年是健身教練，在幫人家減重，以我的經驗明白肚子想要減下來的機會是很小的。因為我們忽胖忽瘦的原因就在

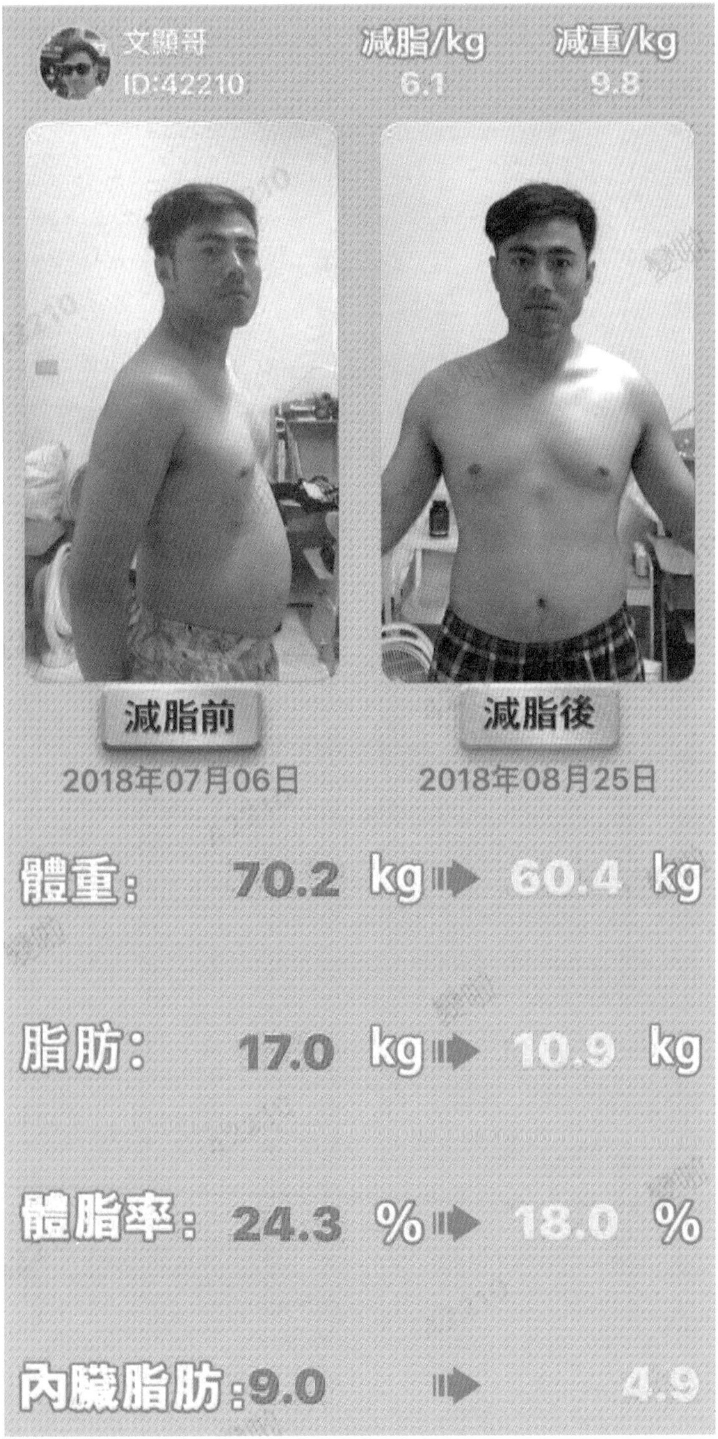
文顯哥
ID:42210
減脂/kg
6.1
減重/kg
9.8
減脂前
2018年07月06日
減脂後
2018年08月25日
體重: 70.2 kg 60.4 kg
脂肪: 17.0 kg 10.9 kg
體脂率: 24.3 % 18.0 %
內臟脂肪:9.0 4.9

於，你內臟裡頭的脂肪和管道的脂肪，而不是我們看到的皮下脂肪。以前我們想要瘦肚子，不是要做仰臥起坐，要不然就是降腿、練核心，要花很長的時間，加上持之以恆才能做到。

加上那時候，我父親私下跟我母親說，我怎麼可以胖成這樣？我父親向來是不理會這種事的，他會在意，可見我真的胖到讓他看不下去了。

後來，我發現我那個同事不但肚子消下去了，重點是，他的肚子還沒有快速減肥後會有的紋路。我感到十分好奇，他就告訴我是利用科技減脂，讓他的內臟脂肪瘦了下來，他還拿數據給我看。我就跟著一起減重了。

叫醒你的不是鬧鐘，是身體

我以前雖然是健身教練，加上自己也有減肥經驗，我知道，減肥其實是條很漫長的路，如果你用對方法的話，時間會很短，用錯方法的話，時間會很長。

可以說，我們每天都處在「天人交戰」的時刻，一個聲音跟你說，就偷懶個一次吧！沒有關係。另外一個聲音跟你說，要堅持下去啊！堅持才會瘦。就算看到美食，也要在心中先拔河一番。

減肥這回事，很多人都知道一些道理，問題是，「知易行難」，就算你明白少油少鹽少炸多運動，但知道是一回事，能不能「做」到，才是重點。相較之下，我就覺得現在的方式太容易了，它是跟你的生活結合在一起，就像呼吸一樣。

科技在進步，減肥也是，我把我的脂肪減掉之後，身體也恢復了平衡。以前早上叫我起床的是鬧鐘，現在叫醒我的是身體，我的精神、體力，都獲得大幅改善。就像我的教練告訴我的，如果血管變得乾淨，你的精神、腦袋都會改善，而我確切感受到了。

以前吃東西的時候，最擔心的就是隔天又會胖，看到體重下降，會很興奮，完全不考慮身體的機能是否恢復正常？現在只要吃對食物，就可以持續瘦下去，而且身體代謝也恢復正常，這就是現在身體給我們的好處。

因為我自己先前有減肥過，而這次的方式，讓我不用擔心刻意吃或不吃什麼東西，因為身體機能已經恢復，而且也不用每天去運動。以前我當健身教練的時候，還要拿著體脂肪計、拿著皮尺，在人家後面追著跑，現在學員

會自動自發將數據傳給我們，非常方便。

我覺得很欣慰的是，除了幫學員獲得成果，老婆也不會覺得把跟家人的時間瓜分掉了。

每個人的時間是相同的，如果利用這段時間，去從事其他事情，勢必減少跟家人相處的時間，而現在我擔任減脂教練，也跟家人相處在一起，她很滿意，我也很開心。

成功轉業擺脫負債，讓家人過好日子

回首過去的日子，我真的很慶幸我願意接受改變，人生重新再來一次也好，減肥也是，重點是，你有沒有真的很想要改變自己？

一個人如果真的很想要改變自己的話，任何的問題，都不是問題。重點是你有沒有想要變得更好？

像我會想減肥，是因為我的身體先前很糟糕，我那時的體力很差，加上每天都要開車，開車還差點開到打瞌睡，這是非常危險的。加上那時候又有胃食道逆流，除了感覺火燒心，早上醒來的時候，還會發現枕頭上有污穢物，那都是不正常的。成功減脂之後，這些狀況都消失了。

而我之所以轉業，也是想要擺脫負債，讓家人過更好的日子。我想要改變，想要讓自己變得更好，所以我下定決心轉換跑道。就算是在不同的領域，我也不斷想辦法學習，想讓自己的高度提升。也許一時沒辦法改變現在的狀態，讓起碼可以讓自己的格局擴大。

過去幾年所經歷、所遇過的事，雖然不能稱之為成功，但因為這些經驗，還是有學到東西，我覺得我所經歷的事物，讓我的人生一步一步，如同階梯般走上來。

大部分的人都是「思想的巨人」，卻是「行動的侏儒」，夢想想得很大，所做的卻很少，曾經有老師告訴我，什麼是最好的結果？用腳就是最好的結果，因為你去履行了。

我覺得一個人想要做一件事，不如靜下心，好好想一想，自己為什麼要做這件事？先清楚自己想要什麼，「目地」很重要，再看是有時間性的設定，還是當作一輩子的志業。

做任何事，不要只做一個旁觀者，在旁邊看人家怎麼做，而是要親自參與，做一個「實踐者」。

Tips

- 起床第一件事，先照鏡子
- 跟體脂計做朋友，察看數值
- 親自參與，做一個實踐者

如何聯繫我

楊文顯（文顯）Pitt 教練
微信：pitt-231593
LINE：0909231593go
MAIL：pitt650217@gmail.com

第十五堂課：節食的影響

#YES WE CAN · 減脂小學堂

肥胖是熱量過剩營養不良，所以節食減肥營養素攝入不多，越減越肥。因此，減肥要補營養而不是減營養。

不吃肉和主食，只吃蔬果，短期減重有效，但不能減脂肪，長期下去危險多多。人類的身體非常聰明，能夠應付多種不同的狀況：它會在食物充足時儲存能量，而在飢餓時消耗儲存的能量——當你在節食時，你的身體會以為飢荒到來了，這時它就會盡可能的節約能量，把新陳代謝降下來。

實際情況是，如果過度控制進食量，你吃得很少，體重是會減輕，但減少的更多的是肌肉，而不是脂肪。因為脂肪和碳水化合物的燃燒都需要酶和輔酶的催化，而酶和輔酶都需要從食物中獲取，節食無法讓身體獲得足夠的酶和輔酶。因此你不會堅持太久，強烈的飢餓感和食慾會逐漸超過你減肥的決心。到那一刻，你又開始原來的飲食習慣，或者是自認為瘦身計畫已經成功而犒勞自己，導致體重迅速復原，甚至超過原來的重量。

正常來說，當碳水化合物接近耗竭了，接著消耗脂肪，脂肪沒了才會消耗蛋白質。但唯一一種物質在應急狀況下可實現無酶催化，這種物質就是蛋白質，沒有酶脂肪肯定不分解，這時就變成蛋白質被分解了，因為它不需要酶。

節食以後，在攝入營養不足時，由於身體缺乏分解脂肪相應的輔酶，造成肌肉裡的蛋白質優先於脂肪被分解；而肌肉比率降低，又會造成基礎代謝率下降，之後只要恢復到正常進食，就很容易快速反彈發胖。所以說節食減肥越減越肥。

而更嚴重的是，蛋白質的無酶催化是人類自我保護一個最重要的機制，當身體處於危險環境時，身體裡的蛋白質開始分解，包括心臟、肝臟、腎臟這些蛋白質組成的組織也有可能被分解，而這些器官組織的蛋白質分解是不可逆的，不管你以後吃多少蛋白質都補不回來。

知道了這麼多，你還會節食減肥嗎？那對你是永久的傷害，所以，要制止那些自我傷害。

Yes, we can!

Chapter 3——亮麗與健康，YES 贏者全拿！

給自己一次機會
能付出是開心的事
張宸瑧
Juliette
教練

曾經身為空軍軍人的我，自許身為國家的戰鬥力，自然會對軍人的體能、體態，有很大的要求，而我對自己的體能，其實有很大的信心，像三軍健兒每年都要接受的體能測驗，不管是伏地挺身、仰臥起坐，三千公尺的跑步或是五公里的健走，我都完成目標了，然而，卻敗在BMI上。

BMI是目前世界衛生組織，以及美國疾病管制局認可，利用身高為基礎，來測量體重是不是符合標準的方法。

對於一個女人，尤其是已經通過體能測驗的我來說，BMI竟然超過標準？對我來說，有點覺得這是個恥辱，雖然說女人生完孩子，BMI多少都會超標，但拼著軍人的尊嚴，再加上我本身也很注重自己的儀態、形象，所以我決定給自己一次機會，務必要讓數值達到標準！

心中的憧憬，驕傲的空軍健兒

提到減肥，其實我很有經驗，因為我小時候就是個胖子，而且還學芭蕾舞，在學芭蕾舞的時候，每次穿上褲襪，在鏡子裡看著自己，再看看兩側的同學，發現他們的大腿中間都有縫隙，而我卻看不到我自己的。我曾經在洗澡的時候，坐在小椅子上，雙腿合在一起，試著將水從大腿之間倒下去，也不見水流下去。

為了減重，其實我試過很多方法，不管是運動、代餐，還是看中醫，甚至貼肚臍貼到發炎，但頂多減少一點點體重，然後又復胖。

而能夠進到空軍，是因為那時的我，雖然是微胖，但還是在空軍要求的範圍裡，總算能完成我當空軍的夢想。

從小，我就對制服有種莫名的憧憬，尤其是空軍。我曾經做過許多工作，但最後還是覺得空軍才是我的熱愛，我想要找的是內心中最渴望的職業，很慶幸我終於找到，並且在裡頭持續待了十年之久。

為了我所熱愛的職業，我打算改變我自己；所以就算想盡辦法，也要改變自己。

減脂路上，最窩心是教練的關心

在聽到比我瘦的Miko，竟然說要減肥時，我相當訝異，在她真的減下

來，看到成效後，我馬上找上她，表明不管是怎麼樣的減肥方式，我都會配合。而我一旦下定決心，教練講什麼，我就做什麼，非常的配合。

像晚上七點前要喝完3000c.c的水，或是四點前必須要吃一顆蘋果，我甚至還會設定鬧鐘提醒自己做這件事。

這一路減重的過程，讓我最窩心的是教練們的關心。我在一開始的時候，有對教練提說我不太舒服，或是曾經在減肥上發過小小的牢騷，教練都打電話過來關切。

這些小小的事情，都讓我非常感動，因為我發現，自己並不是一個人，在我減脂的過程中，有教練的陪伴，這是在我所有減肥的過程中，從來沒有的體認，而這些人是真正在關心我的，讓我覺得好窩心！

我覺得教練的陪伴、指導真的很重要，像我

一旦決定減重，說不吃什麼，就不吃什麼，連自己母親節的餐宴，或是自己的生日，我都不會去碰我覺得不該碰的東西，而在一旁執行我的減肥計畫。

心情放輕鬆，隔天體重就掉 0.6 公斤

這件事被教練們知道後，他們就告訴我，放心吃、開心減，何必把自己搞成這樣？在我聽了之後，心情就鬆懈下來，結果隔天體重就掉了零點六公斤。

教練甚至跟我說，如果心情夠放鬆的話，其實還可以瘦的更多。在我自己當了教練之後，常常也會引用我的例子，跟學員說，放鬆心情非常重要，有時候去逛逛街也是好的。雖然說我對自己的要求比較高，但看到自己減下來的成果，其實是非常滿意的。

在我減脂之後，就覺得自己的精神也好多了，當我們要執行勤務，例如飛機要進場時，需要做管制；配合修護工作，必須啟動相關機具，就一定要跑來跑去，但跟之前相較起來，覺得沒有以前那麼喘了。

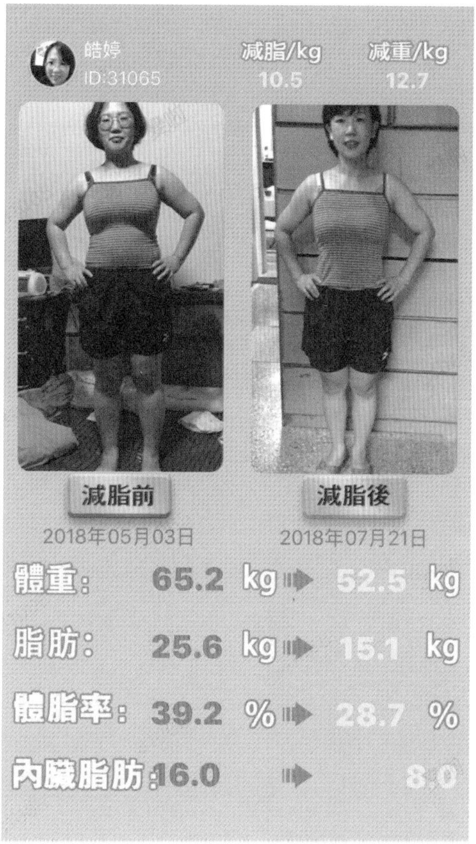
皓婷
ID:31065
減脂/kg
10.5
減重/kg
12.7
減脂前
2018年05月03日
減脂後
2018年07月21日
體重: 65.2 kg 52.5 kg
脂肪: 25.6 kg 15.1 kg
體脂率: 39.2 % 28.7 %
內臟脂肪: 16.0 8.0

皓婷
ID:31065
減脂/kg
14.0
減重/kg
18.0
減脂前
2018年05月03日
減脂後
2018年10月05日
體重: 65.2 kg 47.2 kg
脂肪: 25.6 kg 11.6 kg
體脂率: 39.2 % 24.5 %
內臟脂肪: 16.0 5.0

而我在減脂的過程中，父母都在關切，我擔心自己突然瘦下來，他們會擔憂，所以每天上完秤之後，都會拿數據給他們看，告訴他們，我掉的是脂肪，請他們不用在意。

當自己愈成長，最窩心的是教練們的關心愈希望自己可以成為爸爸媽媽的後盾，雖然還有弟弟們，每個人都是獨立的個性，他們的想法如何，我不去涉入，我就是做好我自己。很希望自己的父母，在提到張宸臻的時候，是得意的、驕傲的，我希望成為父母的榮耀，所以，我會做好我自己，不讓他們擔心我。

在從軍這條路上，由於老公也是軍職，是一名海軍的士官長，由於軍種不同，我們必須分隔兩地，只有假日才能相聚，我很感謝我的父母，因為身為軍職的我們常常要留守、戰備，或是因為任務的關係必須加班很晚才回家，要不是他們全心全意幫我帶小孩，讓我沒有後顧之憂，不然我根本沒辦法從事這份工作。

而當我成功減肥瘦身之後，父母追著我問，想要跟我一起健康瘦身，很慶幸的是，他們也願意接受並配合教練們的安排。

父母重獲健康、自信，一切都值得

我們全家不只我，連我的父母體型也超標，加上不當的飲食，全家人要胖是一起胖的。雖然我不怎麼愛喝甜的，但鹹的食物接受度卻很大。尤其是我媽媽的手藝非常好，小時候每次表姊來我們家住上一個暑假，回去的時候，每個人都會增重。

肥胖的時候，身體多少會有些狀況，像媽媽一直有一些小病痛，還有常常會因為手麻而無法睡著，好幾次，我開車載著她，想要帶她去看醫生，但不知道要去哪裡？不知道要看哪一科？讓我感到相當無力，也相當的自責。

因為一家子都胖，所以我以前在減肥的時候，還會拉著媽媽一起減，不管我用什麼，都會想到媽媽。從小到大，其實我是討厭運動的，因為想要從軍，所以就逼自己一定要運動，而我親愛的爸爸會在每天的凌晨四點陪我去練跑。雖然不是以減肥為目的，然而我的父親陪著我一起跑，但是我們兩個卻沒有因為運動跑步而變瘦。

我的爸媽在教練的指導中瘦下來，爸爸就跟我說，他的小病痛消失了，身體也覺得很輕盈、很舒適，甚至可以輕鬆地剪自己的腳指甲，晚上睡覺時

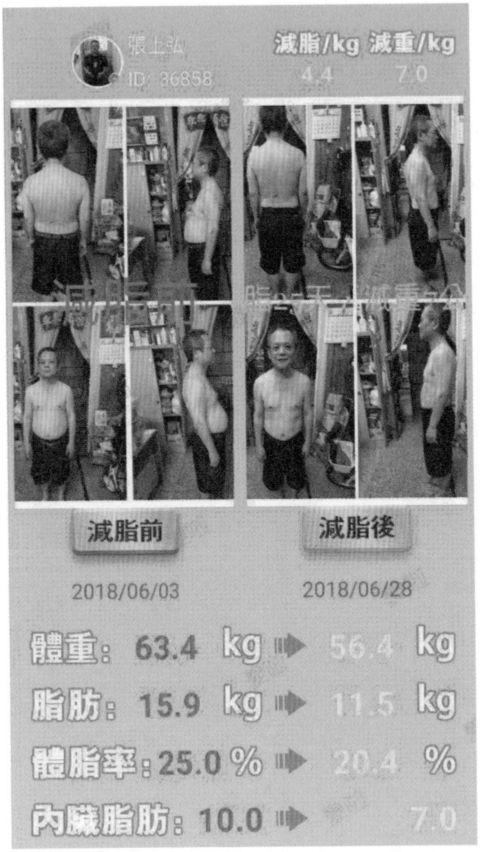

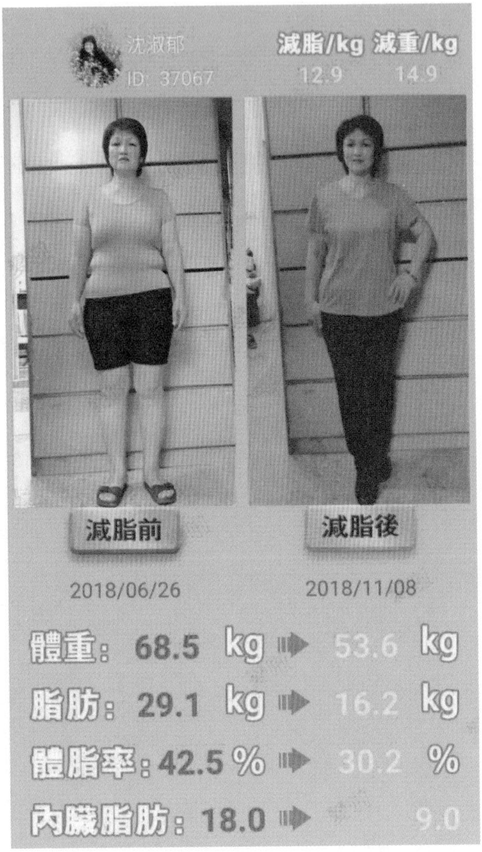

▲ 宸瑧爸爸和媽媽減脂前後

不會被自己的打呼聲吵醒，特別是我媽，她常常因為手麻，而晚上都睡不好，我永遠無法忘懷，當她身子不舒服，那麼難過的時候，我卻沒有辦法幫她分擔，然而開著車，卻不知道該載她去哪裡的無助。

現在我的母親已經瘦下來了，每天也都可以睡得很好，我心裡在想，我拿什麼可以換他們的健康啊！現在看著我爸媽，我都覺得好開心、好舒坦，他們養我養了這麼大，終於可以為他們做點什麼了，看他們重新獲得健康、獲得自信，就覺得一切都是值得的。

這時心裡就有個想法，如果有機會、如果我有能力，可以散佈正確的方式幫助大家，更希望相信我的人，知道什麼方式是正確的、什麼方式是不正確的？

媽媽說：不知道女兒可以這麼美

以前，我都會主動去照顧別人，現在變成別人來照顧我，那種感覺是很不一樣的。

當我父母也想接觸科技減脂的方式時，我不能拿我爸媽的健康開玩笑，雖然我之前是因為信任而成功，但到了後面，每次有舉辦什麼課程，我就會盡量去參加、去學習。每一次都有不同的感受、不同的吸收。

我愈研究，愈發現原來減肥可以是這麼的輕鬆、開心，而且沒有負擔。而且當自己健康的瘦下來之後，就會希望身邊的人，也能夠跟你一起開心的瘦下來。可能是因為我的個性比較雞婆，所以我如果看不慣的話，都會上前提供正確的方式。

不過，就算我提供了正確的減肥觀念，重點是對方也要有強烈的意願才能做到，要不然就算一天可以瘦到十公斤，他也不會去執行。

一個人做一件事的態度，就是做所有事情的態度。只要願意配合，每個人都可以發現一個嶄新的自己。因為我配合了，我成功了，所以我也希望每個人都能夠跟我一樣，獲得美好的效果。

而我的學員，大多是更年期的媽媽們，還有七十四歲的婆婆，許多人都是在年輕時，擁有完美的身材，一旦上了年紀，大家都戲稱連呼吸空氣、喝水都會胖，恐怖的是慢性病也逐漸上身，看診時，醫生都會建議他們必須瘦下來，然而卻不知如何讓他們瘦下來，很開心他們也樂意接受這個方式，讓

他們重新獲得健康，開啟不一樣的人生。

收到學員們感謝的回饋，就會想說，要幫助更多有需要的人，肥胖雖然不會痛，所以胖起來沒人在意，甚至認為肥胖是理所當然的。但其實我們都能夠改變這一點，給自己一個全新的自己。

可能個性的關係，我覺得一個人不僅要追求極致的自己，更要追求永恆的健康，從來沒想過瘦下來可以獲得健康，更可以獲得自信，媽媽甚至說，我從來都不知道，女兒可以這麼美。

現在，我堅持作對的事情，同時分享給所有有需要的人。原來，能夠付出是件開心的事，接收到的感謝更是我前進的動力，從沒想過自己可以幫助別人，然而一切都是從照顧好自己開始。

Tips

- 好好睡覺很重要，不睡覺基礎代謝會在一夜間下降幾十個卡路里，長期下來會變胖。
- 晚上七點前要喝完2500c.c至3000c.c的水，或是四點前必須要吃一顆蘋果
- 輕鬆的散步，心情放輕鬆，做自己喜歡的事情

如何聯繫我

張宸臻（飯糰）

Juliette 教練

微信：juliette1319

LINE：juliette0605

IG：juliette131419

#YESWECAN・減脂小學堂

第十六堂課：運動的迷思

運動減肥主要強調調節代謝功能，增強脂肪消耗，促進脂肪分解。運動時可使多餘的血糖被消耗而不能轉為脂肪，控制體重。

人體首先消耗的是碳水化合物，經過科學檢測，人體在最大耗氧量的百分之七十五狀態時，要持續運動四十五分鐘以上，才能消耗脂肪。這種減肥方法一般人都很難堅持，同時過量運動會造成身體損傷。短時間大強度的運動後，血糖水平降低，人們往往會食慾大增，這對減脂是不利的。

運動過量的另一個傷害是關節磨損。運動過量的人的關節會比常人磨損更快，關節一旦破壞就很難復原，故適量運動是一個非常重要的觀念。

用真誠 翻轉生命
感動 從自己開始

郭珮茵
Inin
教練

黛安娜王妃在許多人心目中，永遠是時尚優雅的代名詞，然而令人動容的，不只是她美麗的外表，還有那股勇於突破舒適圈的決心。多年來，我都堅持在崗位上發揮自己最大的能力，不過當我遇到生命的十字路口時，我欣然選擇了轉彎，接受一趟全新的旅程。

從選擇改變的那一刻起，我就以幫助他人為出發，真心分享自己的減脂過程，看著他人也因此改變生活，這不僅是一種肯定，更為自己的生命注入滿滿的能量。因此，對我而言，這不是一場減重比賽，而是一場改變生命的馬拉松運動。

女人的美麗不是生成的，而是形成的

身為女人，自信與美麗是我們一輩子所追求的，因此，減脂瘦身成為了愛美女性永遠的課題。

在歲月的流轉下，雖然我一直保有滿滿的生命熱情，但是我的身材卻離美麗愈來愈遠。結婚生子後，不僅體重直線上升，高血壓、脂肪肝也不知不覺悄悄上身。當然，為了讓自己更漂亮，我也嘗試各種瘦身方法，可是總是像溜溜球般的上上下下，不見明顯的成果。再加上，老公覺得只要身體健康，豐潤一點也很可愛，因此在這道甜蜜毒藥催眠下，關於減重這一件事情也就漸漸拋在腦後了。

直到有一天，因為要前往大陸寧波接受總公司表揚時我才驚覺「美麗的禮服被身上的肉卡住了！」當時，我一心只想著該如何在短時間完成這個看似不可能的任務？

此時，腦裡突然浮現一位減脂成功的同事，猶如看到救星般的對她發出求救信號，希望透過她讓自己能在人生重要的榮耀時刻，穿上美麗的禮服上台接受表揚，而這個動力也打開了我人生的另一扇門。

女人的美麗不是生成的，而是形成的！

短短的十天下來，我成功穿上美麗的禮服，有這樣驚人的成果，周遭所有的朋友，無不對我為什麼可以短短時日就瘦這麼多感到好奇，他們臉上寫著讚嘆與驚訝，大家紛紛希望我傳授他們祕訣。畢竟，能在健康的原則下，成功瘦下來實在太吸引人了。

減脂這段期間，讓我有機會能夠重新審視自己的生活習慣和飲食習慣，

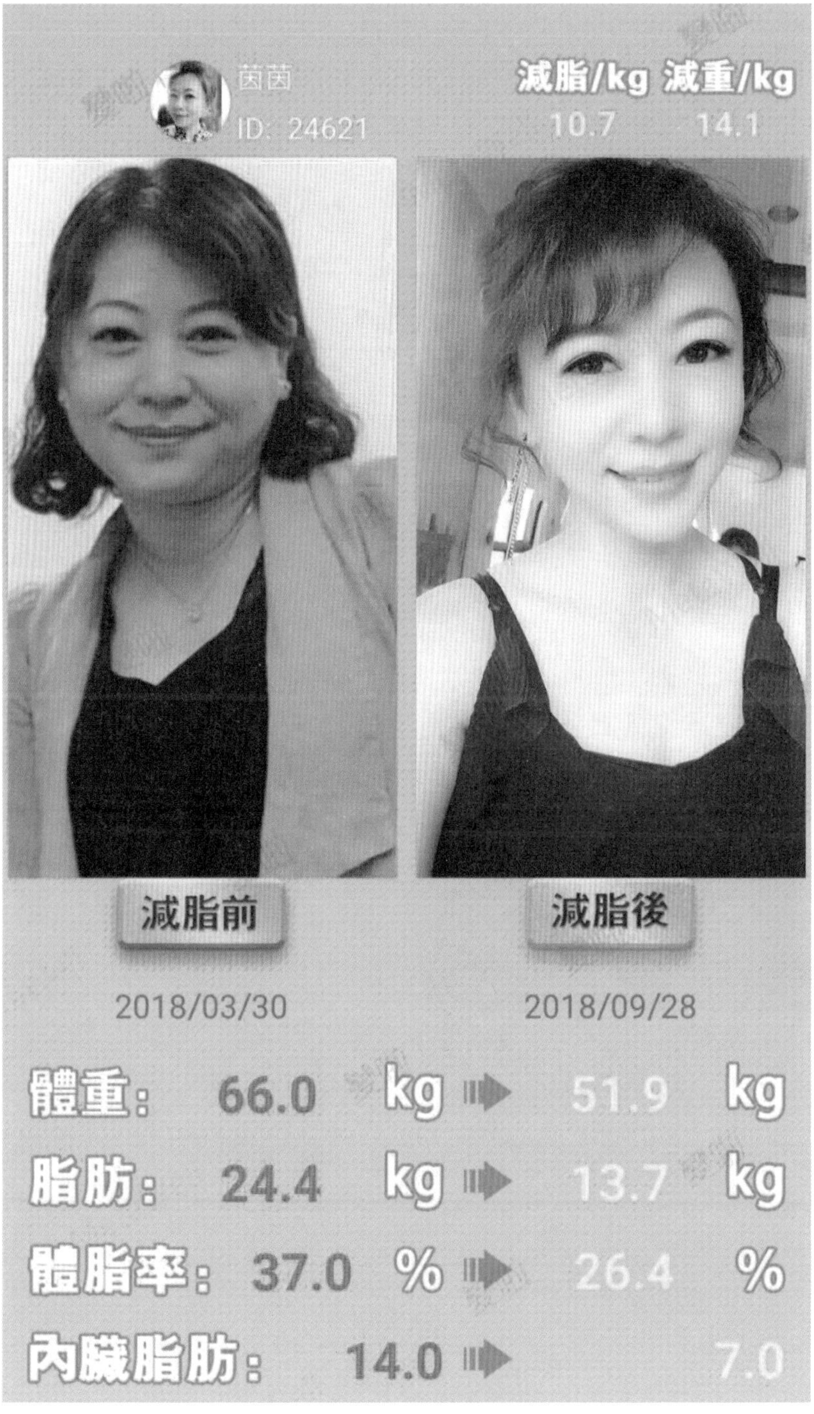
茵茵
ID: 24621
減脂/kg 減重/kg
10.7 14.1
減脂前
減脂後
2018/03/30
2018/09/28
體重： 66.0 kg 51.9 kg
脂肪： 24.4 kg 13.7 kg
體脂率： 37.0 % 26.4 %
內臟脂肪： 14.0 7.0

▲ 珮茵與先生

◀ 珮茵先生減脂前後

也從中找出適合自己的飲食習慣，至此之時，我相信我的減脂之路是一片光明的，然而，面對眾人的好奇與詢問，我沉默了！因為當初我只是聽話照做，實在無法講出大道理來。

瘦的副作用就是治裝費變多了

看著鏡中的自己愈來愈苗條，感受前所未有的自信感，這樣的光彩不只是讓生活愈來愈精彩，同時也會感染身邊的家人朋友，這對我來說也是一件值得開心的轉變。

我常跟朋友打趣的說：「瘦下來的副作用就是治裝費變多了，因為任何款式的衣服穿在身上都很漂亮！」以前，因為身型變胖而無法穿的衣服，現在也一件、一件買回來穿。

臉書不斷分享著我的成果，當我發現自己瘦下來之後，不僅身體更健康，而且在生活日常思緒也更靈活，整個人變得更神采奕奕。所以我的社群裡破百以上留言都是強烈想一探究竟，「茵茵你愈來愈漂亮了」、「看起來好容光煥發」、「你變瘦了，怎麼辦到的？」其實，只要照顧好自己、愛自己，讓自己成為一個發光體，就能吸引到別人的目光。

然而，聽著更多人渴求健康美麗的聲音，我不斷地問自己「該給自己一個機會成為減脂教練嗎？這真的是我想要的未來嗎？」

回想過去擔任貿易工作多年，個性活潑熱情的我，一向喜愛與人分享生活中的點點滴滴，從原本只是單純想要一個穩定的生活，轉而成為團媽，持續與人分享快樂與美好的事物，其實都是源自內心那股渴求改變的力量。爾後，因緣際會邁向減脂教練這條路，我知道心中的聲音不斷地訴說：是時候放手一搏，朝心中夢想的生活前進了！

當決定分享減脂邁向專業教練的同時，我也面臨要不要離開舒適圈的難題？離開原團隊是難以抉擇的一個選項，然而我也知道停留在「安全」地帶，會讓我逐漸失去前進的動力。感謝老天爺賜予我熱情的感染力，既然我能一年團出八千件無鋼圈內衣的佳績，相信自己一定也能將減脂的成功經驗分享給更多人。

盡管如此一來要背負莫大的壓力，但是人生不就是處處充滿挑戰嗎？如果一遇到未知的世界，就選擇放棄或逃避，那生命不就失去了許多可能性。於是，在迎向更美好未來的精神驅使下，我決心華麗轉身成為一位打造健康美麗的減脂教練。

找出自己接受的方式，並養成生活習慣

我希望大家不只能得到更好的減脂觀念，更可以感覺到充滿正面的能量，因為除了透過正確飲食，也要全面提升心靈層次，才能達到健康的減脂目標，這些都是環環相扣的。

減脂計畫的重點在於「持續」，因此在擬定計畫的時候，要考慮自己的個性及飲食習慣，找出自己可以接受的方式，並將之養成生活習慣。所以，我們不能要求自己要永遠節食並餓肚子，因為這樣的瘦身方式是沒辦法持續的，即使你有再強大的意志力，若你的身體和心理都無法做到「持續性」

的正確飲食習慣，那終究是會失敗的，我們都要學習不要過度高估自己，這樣只會陷入失敗的輪迴中而已。

當我們放開心胸，開心地享受當下的美食，留意自己是否已經覺得有飽足感，那麼這就是一場身心完美的饗宴。但是如果我們只是急著把眼前的食物塞到肚子裡，完全沒有意識到自己吃下了哪一類食物，卻又恐懼自己正在發胖，那麼不但無法享受美食和甜蜜時光，最後也會因此感到沮喪，進而萌生放棄瘦身的念頭。

其實，當我們懷抱著愉悅的心品嚐食物，自然會注意到自己是不是吃飽了，反而不會過量進食也不易發胖，但當用餐處於一種壓力狀況下，就算吃了極少的東西，也不一定是身體需要的食物。

走向健康美麗的這條路上，沒有人會感覺寂寞，而且可以更快樂，最重要的是要用對了方法，吃對食物。

顧好自己說服別人，你就是品牌

真心分享一直是我奉為圭臬的人生態度，所以既然要分享，就該讓自己具備充足的專業知識，畢竟這是對自己也是對信任我的朋友一種負責的態度。於是，我決定深入瞭解「減脂」的原理，多方涉略健康方面的常識。我不但從自身就養成健康飲食的習慣，也開始學習健康減脂的概念。在我一邊上課的同時，依然一邊持續在社群媒體分享著日常生活理念，以及一些健康的概念。透過這些分享，傳遞愛的能量，以這樣的心念，支持更多人勇敢邁向減脂之路。

我相信只要願意好好照顧自己，把自己當成是品牌，每一個朋友都會受到良善的影響。果然，在短短二個月的時間，沒有舉辦過任何一場分享會的狀況下，就讓一大群周遭需要美麗健康的朋友們，開始嘗到甜美的果實。

原本存有遲疑的朋友，看到我變

得更有自信，更加容光煥發，也開始好奇我的改變，甚至希望我能與他們分享更多健康美麗的祕訣。就連原本抱持觀望態度的老公，也身體力行加入了減脂的行列，因為我在瘦下來之後，原本需要吃藥控制的高血壓，經過醫生的評估也停止服藥了，身為他的親密伴侶，相信他是感受最深刻的人了。

看著團隊成功，比大家還要熱淚盈眶

從自己為了穿一件禮服開始減脂，到影響我身邊的親朋好友，甚至吸引更多來自四面八方的陌生人，很多人不免好奇，為什麼我的團隊永遠這麼開心？其實我只是時時刻刻保持熱誠的心，當我們充滿自信，一切以都將變得快樂且輕鬆愉快。

我是很容易感動的人，看著他們成功，我比大家還要熱淚盈眶。透過這一段成為教練的歷程，不僅讓自己的身體變健康了，也因為聽從我內心的聲音，更能清楚掌握人生中重要的決定，並帶著堅定的信念一步一步往前走，並以樂觀積極面對自己所選擇的每一天。

很多時候我們只想要和別人有相同的結果，卻不願意經歷他人的努力過程。試問自己是「想要」改變，還是「決心」改變呢？如果只是想要改變，還是很容易找到很多的藉口，但如果是決心要改變，一定要找出自己的動力與目標。就像我自己一開始成為教練，就開始設定目標，希望幫助更多人達成夢想，隨著時間也一一證實我真的辦到了。

我以「真誠的力量」為精神帶領團隊，吸引一群有同樣理念的人一起朝向精彩的人生，甚至透過眾人的力量成功舉辦了高雄首場百人見面，這一場活動，也讓我更具信心。感謝一路上不離不棄支持我的朋友們，對我來說，你們都是開啟我面對內心真實的聲音，讓我有勇氣踏出舒適圈的貴人。

未來，希望正在人生路上面對抉擇或徬徨的朋友，透過正確飲食與情緒管理著手，一起加入健康美麗的行列，迎向更有價值的美好未來。

Tips

・計畫的重點在於「持續」，因此在擬定時，要考慮自己的個性及飲食習慣

・要學習不要過度高估自己，這樣會陷入失敗的輪迴中

・抱著愉悅的心品嚐食物，自然會注意是不是吃飽了，反而不會過量進食

如何聯繫我

郭珮茵 Inin 教練

微信、LINE：inin68

MAIL：

inin-68@yahoo.com.tw

第十七堂課：蛋白質減肥法

正常人體每千克體重每天需要一克蛋白質，六十公斤的體重就需要六十克蛋白質，蛋白質很容易被分解成胺基酸，只要分解成胺基酸就直接進入血液，所以蛋白質很容易入血。我們講的一克是指細胞需要一克，剩下不用的就在血液裡面循環，變成了多餘的蛋白質，當多餘的蛋白質轉到蛋白質的垃圾處理器——腎臟，就會被排出去。

腎臟把蛋白質排出後，腎小球會把它重新吸收回到腎臟，腎臟又將它排出去，腎小球又將它吸收回來……如此反覆腎臟需要不停地運作，最後做不動也不會直接罷工，而是先警報，警報的表現形式就是慢性腎盂腎炎，尿蛋白三個「＋」號。如果你繼續給它很多不需要的蛋白質，還讓它拼命工作，就會出現腎衰，腎衰的表現就是肌酐升高，在血液裡面才能測出來，最後就是尿毒症。

也就是說，一天不要超過體重需要的蛋白質攝入，吃多了沒用，如果一天吃五個蛋，不去做健身訓練，多吃的那四個反而會增加腎臟負荷。

胖瘦之間 是 玻璃心到 喜樂心的距離

梁淑芳 Minda 教練

原本我只是個平凡的家庭主婦，一生的職志，就是照顧好家庭、協助先生成功創業；讓我的孩子在成長階段，能擁有滿滿的愛與關懷。在婚後的人生中，這就是我唯一的使命。

現在的我，除了這些，還擁有了更多的責任和能量，這一切，都是因為我減掉了身上多餘、且不健康的脂肪。之所以會想要改變，全是因為不想再有遺憾。感謝我的父親，給了我個念頭，父親是我生命中永遠的老師，教會我許多事，即使在他離開了之後，依然像人生導師般指引我要照顧好身體！減肥減重讓我找回健康。

泡芙肉體質，內臟脂肪偏高

年輕的時候，我並不覺得自己胖，當時一百六十公分的身高，五十三公斤的體重其實也還好，但別人看起來可能就會覺得肉肉的，後來我才了解，原來那種軟嫩的肉感，就叫作泡芙肉。這種體型的體重是標準的，但體脂肪跟內臟脂肪卻偏高，就是閩南語說的那種「肥軟肥軟」。

結婚之後，我的體重才開始逐年上漲，平常陪著先生一起跑業務，作息變得不正常，只能利用空檔時間才有辦法進食，但這個時間點，幾乎都已經是拖到半夜了。餓過頭的人，會有一種彌補心態，心想著今天拚成這樣，一定要吃點自己喜歡的東西才行。我先生又喜歡吃滷肉飯，長期以來，在這種不正確的時間，吃進高油脂的飲食，夫妻倆的體重就不知不覺往上飆了。

後來我們開始自己負責外面的門市生意，工作上的壓力變得更大，既要忙生意，又要拓展更多客源，必須全省各地到處跑。就這樣，我和我先生也因為過多的壓力，造成內分泌失調，我的體重每一年也都在持續上漲。

產前產後失控，以為自己只是水腫

結婚前我的體重大約五十三公斤，婚後沒多久就懷孕生小孩，生產完之後，體重直接跳到六十三公斤，短短一年內胖了十公斤，接著又再懷第二胎，體重就像火箭升空似的，疾速從六十三公斤衝到臨盆前的八十公斤。

不知道為什麼，懷孕期的時候，我特別愛吃鳳梨，一天可以吃掉兩顆。那時的我當然不知道鳳梨屬於高升糖水果，一般人即使不吃任何東西，一天

減脂前
減脂後
2018年04月03日
2018年05月09日

光吃兩顆鳳梨，升糖指數那麼高，不發胖都很難，更何況，我還是個吸收力特別強的孕婦，一直到現在，我才算是真正瞭解自己當初為什麼會胖成像一顆球的主因。

生完第二胎之後，我沒有刻意減肥，也沒有克制食慾，以為自己的身材只是水腫。三餐經常什麼都沒吃，就只吃鳳梨，還以為只要是水果對身體都好，壓根不知道，就是鳳梨讓我愈來愈胖。

我連著兩胎都在婆婆家坐月子，婆婆是傳統的婦女，覺得女人的月子一定要做好，所以會料理我愛吃的麻油雞。老公也很疼我，心疼我生小孩很辛苦，所以坐月子期間，經常準備吃的東西讓我要全都吃光光。不過，因為我開始為重新回到職場上減肥而努力，飲食上有盡量少吃，體重的確漸漸下降，暫停在六十三公斤。

父親罹癌，成為引爆壓力信號彈

我是屬於易水腫的體質，只要晚睡，加上重口味飲食，代謝功能失調的情況一發生，就很容易水腫。一夜之間，變化值可以是二公斤，就是這令我放鬆戒備的彈性二公斤，讓我一不小心就對自己的體重失去警覺。而另一個會令我不斷加碼變胖的原因，則是因為我沒有減肥的動機，沒有那種想努力減肥、找回健康身體的強烈信念，就又讓自己胖到直逼七十公斤！

在這段期間，我的父親罹患癌症生病，這件事情對我來說，簡直就是一個引爆壓力的信號彈。我這個女兒雖然已經出嫁了，但還是想盡一點孝心照顧父親。當時我夾在原生家庭與自己的婚姻家庭之間，兩邊都想要照顧好，孩子上學要接送，與先生一起打拚的業務也要跑，又很怕失去父親，壓力加上焦慮，自己的身體和心理也開始發生變化。

那段時期因為擔心，所以吃不好、睡不好，身體一直發胖，水腫的問題很嚴重，我當時也很焦慮，擔心會不會是自己的身體也生病了。整個人的情緒變化很大，常常會因為小事和先生發生口角，我雖然自知可能不對勁了，卻又害怕父母擔心而不敢讓他們感受到。

但很遺憾，最後父親還是走了，我內心很難承受這個喪父的打擊，在父親離開後的兩三年間，我發胖的身體一直瘦不下來。看著又再度變胖的自己，我真的打從心底，變得愈來愈討厭這樣的自己。

八月八日，是承諾找回健康的日子

我在懷第二胎的時候，比懷第一胎時胖了很多，那時連一向個性溫和的父親都看不下去，曾經委婉地要我媽媽來勸我減肥。那時候，我還怪他們不夠體諒我正在懷孕，變胖是很自然的生理現象，但現在若再回頭去看，會明白，其實父親從那時候就已經察覺到自己的女兒胖得不健康。

一直到二〇一七年的八月八日，當我去父親的塔位，對父親承諾，下定決心要走出來，首先改變自己的要件，就是把自己的身體照顧好。因為胖，讓我討厭自己，臃腫的身材，無論穿衣服或照相都失去美感。我跟父親說，不管當初是什麼因素讓我變胖，從現在起，我要認真減肥。

我一開始採取的是低糖減碳的方法減肥，從八月八日那天開始執行，我上網查資料，了解飲食方式，到農曆過年之前，真的瘦了六公斤。我很開心能靠自己的力量成功瘦下來，當時沒有頭暈或不舒服，半年內的這六公斤，是我向自己肥胖身體宣戰的第一次勝利。

只不過，體重雖然減輕了，但外型並沒有明顯改變，每天跑業務，常見面的客戶都沒有發覺我變瘦了，甚至連許久不見的客戶，也沒有感覺出我的變化，我開始懷疑，到底是哪裡出問題呢？原來我的內臟脂肪根本沒減多少，體脂率還是很高。

心情也轉變，事情不會往負面想

或許有人不相信，為什麼我只是見證了幾張胖子減肥成功的照片，就激發出了想積極減肥的鬥志跟信心？因為在照片中，那些人都曾像我一樣無助或自卑，但他們現在健康了，一個個都變得好開心，我也想要找回那樣的健康身心。

說起來，這全是緣分的安排，我是透過好朋友琬茹的介紹，認識了為堯老師跟健康的科技減脂理念。之前靠低糖減碳的方式減了半年，沒人覺得我變瘦，但我一開始使用科技減脂的技術減肥，才短短三、四天，就有人來對我說：「妳瘦了」、「臉變小了」、「腰變瘦了」、「肥肉也變少了」……我好開心，褲子變鬆，下巴變尖，我終於擺脫胖，圓臉跟臃腫身軀了！

而在這過程中，我覺得最大的轉變是心情，肥胖時的我很容易變得玻璃

家人的改變 ▲▶

心，所有事情都會往負面的方向去想，動不動就會想哭。瘦下來後，自信心也找回來了，變得很愛說話，愛跟人分享，這轉變給了我很大的鼓舞！

找回健康與自信，我發覺我的心態也不一樣了，我感恩這一切的發生。由於自己愛分享的個性，我很快影響了身邊的家人、朋友，開始教他們如何像我一樣健康減脂，找回健康。在短短半年的時間，我除了讓自己變得更好，同時也幫助了六十多位友人成功減掉近五百公斤的脂肪，這些數據，激勵我要往前再努力，再分享，幫助更多人認識科技減脂，找回久違的健康。

完全沒預料到，胃食道逆流好了

在我健康減脂的過程中，我的先生也跟著我一起變瘦，他的體型看起來略胖，沒有很臃腫，只是肚子大一點。先生原本有很嚴重的胃食道逆流問題，很容易咳，只要講一兩句話就會咳，我一直以為是肺出問題了，跑遍各家檢驗所，醫生建議我們去照胃鏡，才知道原來是因為胃食道逆流太嚴重了。

他已經到了三級的程度，必須長時間服用藥物治療。在初期的確有效，但後來我先生又開始咳，無論是食療或者求醫，我甚至還買燕窩，想試試看能不能讓他的氣管變好一點，但怎麼試都沒有效。

我覺得很感恩，因為這是我在接觸科技減脂時，完全沒有預料到的，我先生陪我一起減了三、四天，竟然不再咳了！我問他還有在吃胃食道逆流的藥嗎？他說減肥期間，已經先停掉所有的藥。原本因為胃食道逆流會嗆到，有時要半躺著才不咳，沒想到，居然可以一覺到天亮，隔天起床的口氣，也變得沒有那麼嚴重。我真得很開心，現在先生的胃食道逆流狀況已經好了，他已經半年沒吃胃食道逆流的藥。

大家是不是也發現我真的不一樣了，從一個平凡的家庭主婦，變身成為許多人口中的芳芳教練，這一切的變化讓我內心充滿感動，我想要讓你們知道，沒有什麼是不可能的，只有「你不知道你不知道的事」。每個胖達人，都是不小心將自己養胖，現在有這麼好的方法，可以幫助大家改變不健康的現狀，所以不要怕改變，唯有改變，才能發現自己的與眾不同。

最後，分享一些我的健康小撇步：方法其實非常簡單，每個人都可以輕鬆做到，只要早睡、多喝水、保持心情愉快。這套保健法的重點就在於，如果心情很好，身體就會自己興奮加速，更加速幫我們分解脂肪，所以對於我

來說，多喝水、心情好、睡飽飽三件事，配合健康的科技減脂，自然就會很「享瘦」。

Tips

・心情好，身體就會自己加速幫助分解脂肪

・吃升糖指數高的食物，不發胖都很難

・內臟脂肪減少、體脂率降低，外型才會改變

如何聯繫我

梁淑芳（芳芳）Minda 教練

微信：D13141906

LINE：13141906

FB：梁七月

IG：fang073

YES WE CAN．減脂小學堂

第十八堂課：科學減脂的三大必要條件

能量負平衡

健康減肥的關鍵是能量負平衡，攝入的熱量比消耗的少。

低升糖

新陳代謝是指脂肪的合成和脂肪的分解，合起來稱為代謝，如果合成速度大於分解速度，那麼體內就會囤積脂肪。要想減肥就要解決兩個問題：合成的脂肪越少越好，分解的脂肪越多越好；所以要加速分解，抑制合成。脂肪從哪裡來？其中一個重要的來源是碳水化合物，所以不能讓那麼多碳水化合物變成脂肪存起來。那麼不給碳水化合物行不行？不行，比如說大腦，它的功能只能靠碳水化合物來供應能量，沒有糖會頭暈、記憶力下降等，所以不能不給糖，碳水化合物是必須的營養素。

低升糖指數食物有以下四個特性：

一、糖類含量低

二、不易消化

三、纖維含量高

四、脂肪、蛋白質含量高

富營養

減肥的第三個必要條件是富營養，百分之九十五的肥胖都是因為攝入大量熱量的同時，卻缺乏包含脂肪分解必須催化劑在內的多種營養因子而導致的。好的減肥食品應該有五十九種營養物質，包括人體七大必需營養素，包括三十八個化學反應所必需的酶和輔酶，還包括其它一些功能性元素，所以減肥不是要減少營養而是要增加營養、強化營養，但是減少熱量需要能量負平衡，要把這兩個區分出來。

創造 美力新時代
兼顧 健康 及
財富自由
呂澍峰
Shu Feng
教練

給家人更好的生活，一直以來是我努力的一大動力，儘管現實生活遇到不少挫折，但是我依然沒有放棄過希望。沒想到，當我開始追求健康、決心減脂之後，整個家庭生活也徹底翻轉了。勻稱健康以及財富自由，兩者不僅可以兼顧，還能夠相輔相成，因此我非常熱愛成為一位支持減脂的教練。

其實，美已經不再只是傳統的標準，在這個「美力新時代」，健康、活力更是必備條件，只要擁有真正的美麗，就會使生活更幸福。

看到食物就想吃，為身體帶來負擔

如果認識以前的我，應該會非常訝異，因為當時我不僅身材擁腫、肚子渾圓，走起路來還容易氣喘吁吁，就連我的妻子對我都呈現放棄狀態，不想替我買新衣服。不過現在我的啤酒肚全都消了，看起來年輕了好幾歲，最重要的是，整個過程非常快速、輕鬆，身旁的朋友都覺得不可思議，紛紛來詢問我方法。

我一向是個不懂忌口的人，用「看到食物就想吃　來形容我，一點也不為過。從小到大我都習慣把家裡桌上的飯菜清光，所以一直我的身材都不清瘦。我的飲食習慣雖然沒有到暴飲暴食的程度，在三餐之外也不太會多吃甜點或消夜，但是因為容易過量且不懂得選擇食物，所以還是為身體帶來不小的負擔。

十多年前，我為了讓自己有所改變，就開始加入減重塑身的行列，一路上努力了七、八年，盡管身材有明顯改善，但是維持起來並不容易。爾後，我轉換跑道進入不動產領域，沒想到，當了業務之後，我的身材以飛快的速度崩壞，再度恢復成大肚男。

經濟壓力，是身材之外的最大煩惱

偏胖的身材是我長久以來的一個困擾，不過我還有一個煩惱，我相信這也是大多數的人共同的問題，那就是經濟壓力。

我的父母親從小給了我不錯的生活環境，到了我自己成家立業之後，也有了兩個寶貝女兒，因此我也一心想讓她們過最舒適、最安心的生活，因此當初牙一咬就貸款買下了房子，給最愛的家人溫暖的窩。然而，那卻成為我

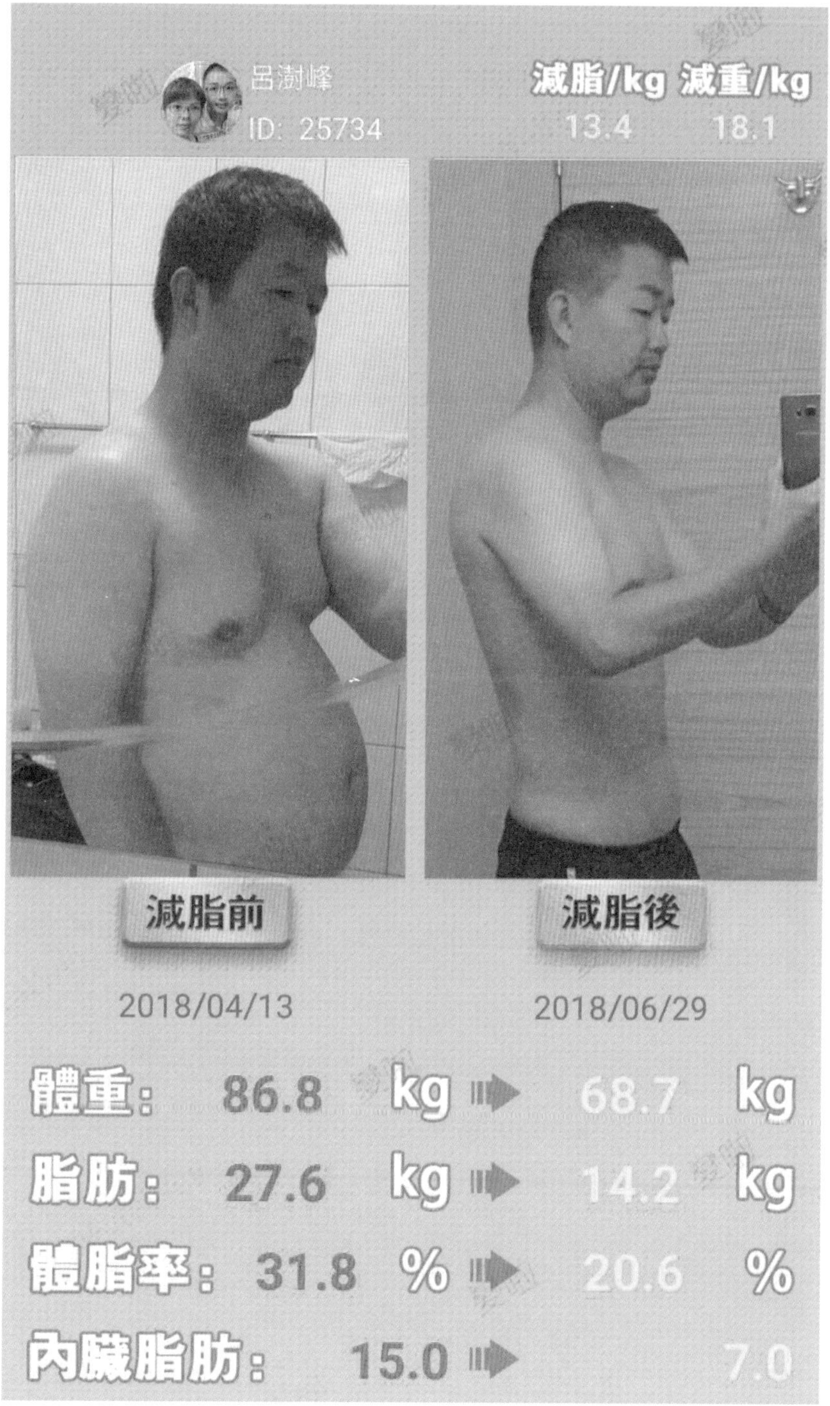
呂澍峰
ID: 25734
減脂/kg 減重/kg
13.4 18.1
減脂前
減脂後
2018/04/13
2018/06/29
體重: 86.8 kg 68.7 kg
脂肪: 27.6 kg 14.2 kg
體脂率: 31.8 % 20.6 %
內臟脂肪: 15.0 7.0

生活中最大的陰影。

我每個月都必須要支付超過三萬的高額房貸，再加上生活費、教育費等等，讓我實在吃不消。因為在經濟上捉襟見肘，所以就連兩個寶貝女兒想要學跳舞，我也只能無奈地 say no。我不僅無法滿足女兒日常的小小夢想，甚至有時候就連社區的管理費都需要母親的資助才有辦法繳納。這些無奈的過往，現在想起來不免都讓我熱淚盈眶。

盡管在工作上付出了最大的努力，但我的收入始終趕不上家庭所需，尤其是如今不動產產業的景氣非常低迷，能創造的財富相當有限，讓我不得不一直尋找新的機會。

FB 社群分享，讓我感到好奇

二〇一七年，我偶然間在臉書上看到認識七年多的老朋友彭潤中教練瘦身有成，而且從照片及貼文的內容都可以感受到他自信倍增，生命也徹底翻轉。他的改變讓我感到好奇，不禁主動詢問，這才接觸到張為堯總教練所致力推動的事業。

看到潤中教練的改變，我當然非常心動，但礙於自己沒有多餘的資金可以運用，同時也不知道那樣的改變是一時半刻而已，還是具有持續性，所以我花了不少時間觀察。到了二〇一八年二月，我再度詢問潤中教練，結果得知他不僅改變了自己的人生，而且也幫助周遭朋友轉換生命，這讓他非常有成就感，因此我在三月就毅然決然選擇相信，並且在四月十三日正式啟動。

一開始的二個禮拜，我就在潤中教練的指導下體重明顯下滑，就連朝夕相處的父親也都能立刻看出變化，還主動問我怎麼瘦下來的。我父親是個重視健康的人，平常就喜歡運動，在飲食上也相當節制，但由於已經高齡七十六歲，新陳代謝難免較慢，因此雖然他的四肢看起來都瘦瘦的，肚子卻圓滾滾。看到我的肚子消下去，他感到非常好奇，經過我的一番分享推薦之後，他很快就下定決心要跟我一起努力。結果不到一個月，他就瘦下了六點三公斤，肚子整個消了。

身為子女，最開心的事情莫過於看到父母親體態勻稱、身心健康。相信大家都知道，肥胖是許多慢性病的根源，體內脂肪過多，當然會造成身體的負擔。因此，看到父親的改變，讓我更加篤定成為教練是值得全心投入的事業。

全心發展這份讓我做來得心應手且能幫助更多人的事業，讓我在短短半年內不僅能夠打平開銷，還有餘力可以好好清理房貸等等的債務，生活品質當然也隨之提升。

老婆一個月瘦七公斤，恢復少女曼妙身材

原本在當美睫師的老婆，對於我的改變也嘖嘖稱奇，興奮的加入了我的行列。很快地，她也在一個月內瘦下了七公斤，恢復少女時的曼妙身材。現在我們夫妻一起擔任教練，藉由我們的故事和經驗帶領夥伴邁向健康又富足的新境界。

在現今的社會，可以與家人一邊旅遊一邊賺錢的工作型態有多少呢？我相信恐怕遇見的機率比中樂透還小，因此我非常感恩潤中教練將這份事業分享給我，當然更感謝充滿好奇心、願意主動詢問的自己。

我在第一個月瘦了九點九公斤，第二個月累積瘦到十八點一公斤，將近

二十公斤的體重變化，在外型上的改變是非常明顯的，因此過程中只要我一在臉書分享自己近況的照片，立刻就會有朋友留言或私訊詢問。離開原本的職場後，我專注在減脂減重的教練工作上，而所有想要進一步了解的親朋好友，都是我服務的對象；全力幫助所有想要改變人生、突破自我的朋友，就是我的人生使命。

在我輔導的夥伴之中，有八成都是自己找上門來的，好比說是幾十年沒見的老同學、過往只有幾面之緣的朋友，或是職場上曾經有緣共事的同事們。他們在看到我的變化之後，不約而同地問我：「你是怎麼瘦的？」每一個詢問對我來說都是分享傳遞的機會，而願意選擇相信我的方法、跟著我的步驟施行的朋友，也都真正得到改變、扭轉人生，甚至有好多人速度比我還要更快。

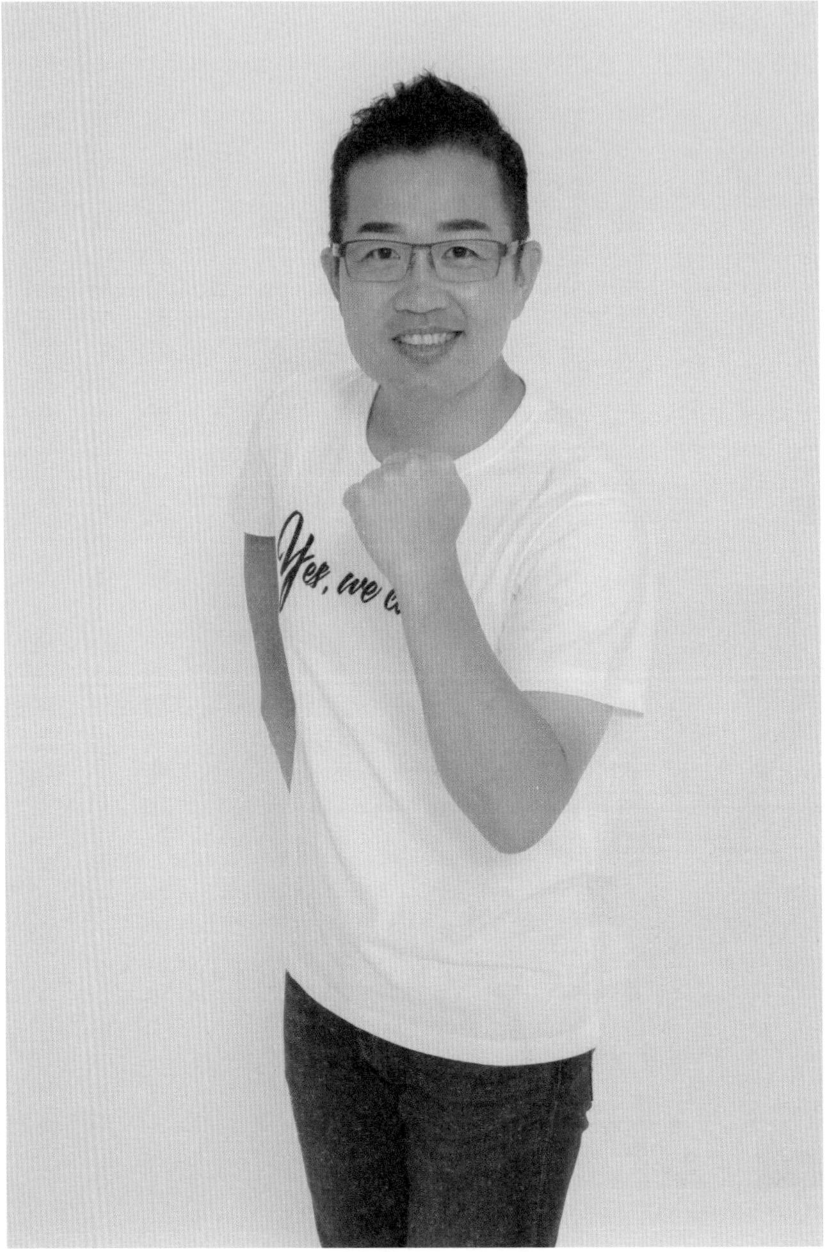
Yes, we c

除了主動想了解的人之外，另外還有二成是來自於我的經驗分享，因為我看到身邊還是有很多像我以前一樣坐困愁城，但又不知道該如何突破困境的朋友，在等待這個絕佳的機會。

正確觀念運用生活中，不需逼迫自己運動

想要減脂瘦身、找回完美身形，其實方法非常簡單。只要聽從教練的指示，將正確的觀念運用在日常生活中，並持續選擇正確的飲食，就可以幫助自己維持良好體態。

更重要的是，這個過程非常輕鬆，不需要特別逼迫自己每天揮汗如雨地運動，更不必美食當前不敢開口享用。回想我以前減重的歷程，總是戰戰競競，深怕一吃就復胖，現在我有任何聚餐，都會樂在其中，不會刻意為了身材忌口，進而影響了聚餐的樂趣。

成為教練的一員之後，我接觸到許多不同的案例，其中最讓我印象深刻的是一個因為過胖而導致疾病纏身的朋友。他為了身體健康，前前後後看了不少醫生，幾乎每個醫生都建議他要減重，當然也建議他不少方法。有一段

時間，他利用服藥控制了體重，但是盡管他成功瘦下來了，卻沒有減到體內的脂肪，因此對於他的病況還是沒有太大的改善。

某一天，我和他聊了一下正確的飲食觀念，他非常感興趣，自從他加入之後，我帶著他循序漸進地做出改變，同時也結合團隊的力量支持他、鼓勵他。結果短短一個月的時間，就解決了困擾他多年的肥胖問題，現在不僅體態維持得很好，就連醫生也跟他說不需要再服藥了，讓他感到喜出望外。

say no 爸爸，變成又帥又貼心爸爸

減重在一般人的印象裡是非常辛苦、煎熬的，而且需要耗時費力，然而隨著科技醫學日新月異，我們必須顛覆這種觀念，因此有很多夥伴在自己獲得改善之後，自然而然就會變得非常樂於分享。

現在我跟老婆一起成為教練，最讓我感到開心的是，我可以好好地陪伴兩個心愛的女兒成長，滿足她們每個小小的夢想。記得有天女兒畫了一幅作品送給我，在她的畫裡，我從原本都一直 say no 的爸爸，變成又瘦又帥又

貼心的爸爸，我看了眼淚忍不住就奪眶而出。年幼的孩子，或許不懂什麼是經濟壓力，但是可想而知，在他們心中一定也是不捨父親愁眉苦臉。

現在，我可以充滿喜悅，也帶著同理心來幫助更多人，因為當時勇敢跨出第一步，才能夠遇到適合自己發展，而且能幫助到更多人的事業。我心裡充滿了感恩，也期待透過我小小的影響力，一步步將正確的減脂方式分享出去，多一個人健康幸福，就能讓整個社會就能多一分向上提升的力量。

Tips

· 分享每個過程，任何關心與詢問都是分享傳遞的機會

· 不需要特別逼迫自己揮汗如雨運動，不必美食當前不敢開口享用

· 過程需要循序漸進地做出改變，並結合團隊的力量支持與鼓勵

如何聯繫我

呂澍峰 Shu Feng 教練

微信：samsong855

LINE：0979831341

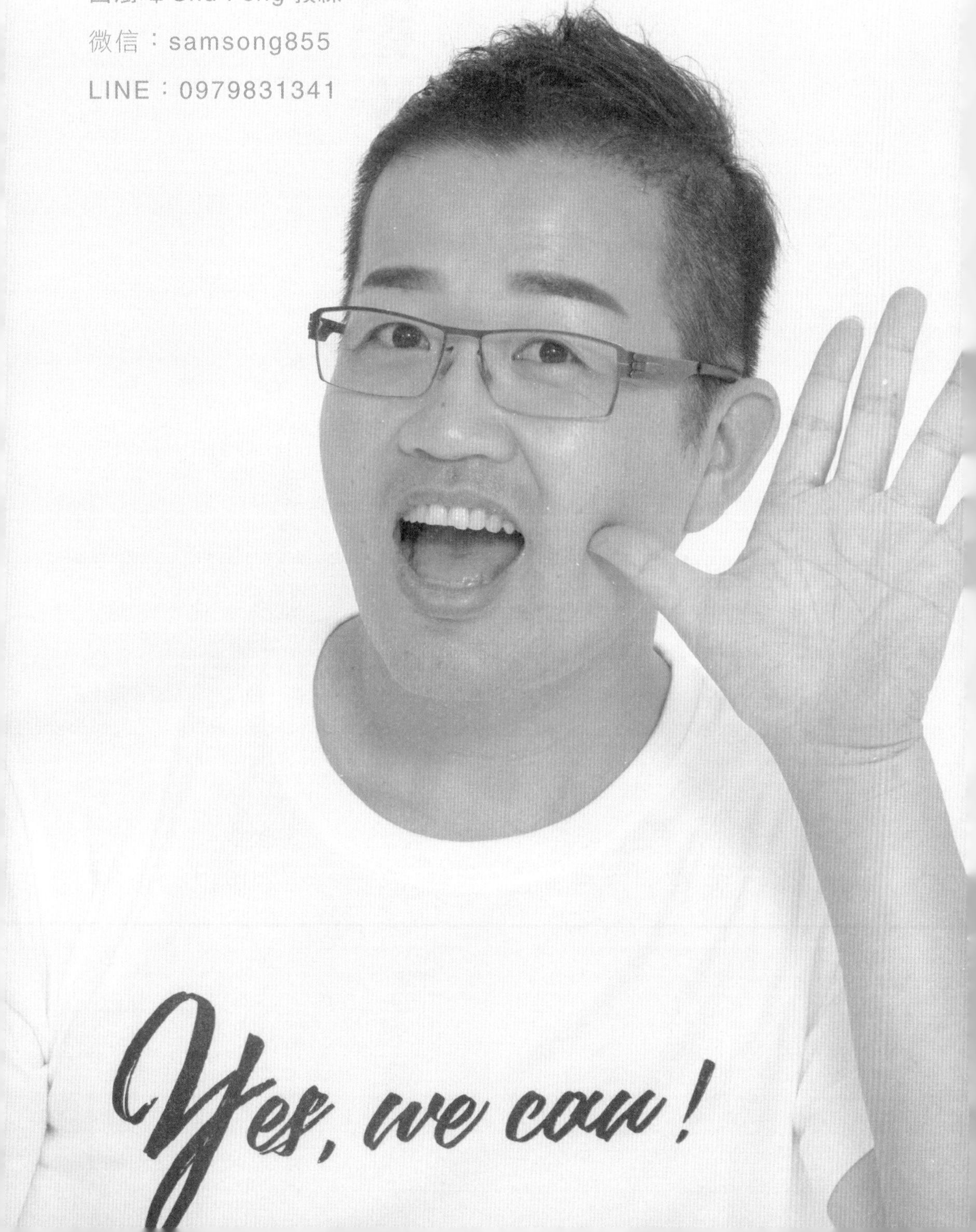

YESWECAN・減脂小學堂

第十九堂課：四種壞情緒讓你愈來愈胖！

別讓生活中的大小事輕易帶動我們的壞情緒，情緒帶動壓力，壓力帶動身體，而且帶往的是我們不想要的方向。有時覺得身邊的人會「人前說一套、人後說一套」，還有可能「背後插一刀」跟主管打小報告、拍馬屁，讓人連續好幾天情緒不好。

從中醫的角度來看，黃帝內經有「怒傷肝、喜傷心、思傷脾、憂傷肺、恐傷腎」的說法，長期處於憤怒情緒中，肝臟的解毒功能就會受到影響，在不易排毒的情況下就容易產生疾病，時常恐懼的人，腎功能也會比較差。

肝腎功能下降，讓壓力也導致肥胖，哪四種壞情緒我們需要特別注意？

一、遭到他人的怨懟、陷害，這時我們會出現受害者心態，為了面對外界的不友善，身體用肥胖來應付。

二、上司時不時丟下一堆處理不了的工作，讓我們「壓力山大」，此時三交經會過度興奮，脾臟虛弱，調節水分的功能降低產生水腫。

三、對某些事就是放不下？太過執著也會造成肥胖，長久下來會出現便秘困擾，新陳代謝也差。

四、想用大吃大喝來排解壓力，是因為荷爾蒙失調，讓人不斷地想吃；加上教育偏差，例如家庭中用吃大餐來當作獎勵，可以改用運動、旅行等讓新情愉快的活動代替。

從西醫來看，壓力連帶影響了身體各項機能，壞情緒會影響睡眠品質，讓細胞分泌壓力激素，這兩者都造成身體的慢性發炎，而慢性發炎與肥胖息息相關。

壞情緒與壓力會讓人不斷地想吃，造成很多人肥胖的困擾，從西醫來分析，「就是想吃」這件事，是源自體內和腦內化學物質失衡的一種表現。飢餓感是由名為「血清素」（Serotonin）的荷爾蒙調控。它負責掌控大腦情緒的化學平衡。

當我們精疲力盡，或是感覺極大壓力時，血清素的濃度會低到不能再低，此時自然會感到沮喪、焦慮和飢餓。另外，壓力也會增加體內另一種荷爾蒙「皮質醇」的濃度，皮質醇也是醫學認定的壓力荷爾蒙，壓力出現時皮質醇會使腦內化學物質失衡，降低血清素。

當血清素的濃度隨著壞情緒起起伏伏，血清素濃度下降如同山上滾落的大石，摧毀我們內心對肥胖的心理防線，它會發直接向大腦發出「吃吧，吃吧！」的警訊，促使身體開始大量攝取食物，尤其是含有大量糖分的食物，藉由大吃大喝對腦部的刺激，提升腦部的血清素濃度，調整化學失衡的狀態，也安撫遭到壞情緒傷害的心靈。

由營養學來看，不一定要吃含糖的食物，才能緩解血清素下降的壓力。例如白肉（魚、雞肉）、豆類與堅果類食物，可以藉由補充某些營養素（色胺酸、苯丙胺酸等），提供人體合成血清素主要原料。

運動也是一個好方法，適當的運動時會刺激大腦分泌一種稱為「腦內酚」的荷爾，使大腦產生興奮、愉快的感覺感，也能分散、轉移對於壓力事件的注意力。特別是到戶外運動，享受自然陽光也能對情緒有加分效果，因為日照可以提升我們腦部所製造的血清素，提振精神，一腳踢開壞情緒給我們的影響。

執著 動人曲線
擁抱 全世界的關注
Yes, we can!
楊錦恩
Neena
教練

愛美，是許多女人的天性，也是我的本性。自三歲起，我便迷上喀喀作響的高跟鞋與閃亮亮的鑲鑽裝飾，配上細柔的蕾絲襪與純白的連身洋裝，幻想自己是童話故事中的小公主，一出門便像是站上伸展舞台，備受著全世界的關注。

小時候曾經為了想擁有捲翹的睫毛把膠帶貼在睫毛與眼皮上，也曾經在雨中對著路過的每一灘水窪搔首弄姿好一番，雖然因此衍生出不少童年趣事，但我對於美的執著不曾因此改變。

出了社會以為自己很幸福，卻遭劇變

隨著年齡的增長，純真的小女孩已成長為剛出社會的新鮮人，喜愛的事物也不再只是那些閃閃發亮，引人注意的可愛配飾。服裝的穿搭和彩妝的運用成了我人生中的一部分，不只作為追求美的好夥伴，也是工作和社交場面上印象加分的得力助手。作為美的追求者，我總是上網鑽研時下最流行的彩妝與服飾，希望透過最新的流行資訊，我的美可以往上提升到新的境界。

多年前我所隸屬的客服中心是個溫暖的大家庭，平時除了有許多提供員工增進金融知識的進修課程，內部也時常舉辦各種增進同仁情感的餐會活動。除了每日固定的下午茶外，下班後也常常相約聚餐、唱歌。雖然日夜輪班和臨時加班是家常便飯，但在這種和善的工作環境下，我以為自己過得很幸福，直到身體的某部分開始出現驚人的改變。

我從學生時代便時常從事戶外運動，不只是為了親近自然，更多是為了保持身體的美麗曲線。由於運動的習慣加上正常的生活作息，我既不用擔心每個月的生理期，也不必在意入口的食物含有多少的熱量。

進入職場後，繁忙的工作使我將改變了運動的頻率和日常的作息，但原本的飲食習慣卻被我原封不動地帶到了職場，在下午茶和餐會的加持下成了讓體重無限攀升的大魔王。不出幾年，青春窈窕的少女就這樣膨脹成渾身贅肉的大媽。望著日益增加的體重，我不禁開始思索著要從何處著手，才有機會找回學生時代的苗條身材。

然而，對於一位身處在怠惰泥沼中的人來說，下定決心減肥的確是一件很困難的事。在戒掉下午茶的計畫以失敗告終後，意志消沉的我僅能藉由服裝穿搭修飾，設法掩蓋住衣服底下一層又一層的游泳圈，但隨著衣服型號愈

兩朵花
ID:18294
減脂/kg
6.4
減重/kg
10.5
減脂前
2018年03月14日
減脂後
2018年06月23日
體重：55.5 kg → 45.0 kg
脂肪：15.5 kg → 9.1 kg
體脂率：28.0 % → 20.2 %
內臟脂肪：8.0 → 3.0

買愈大，款式愈穿愈寬，我自己也知道這樣下去不是辦法。但，這又有什麼辦法？

兩位女孩跳了起來，最窘的孕婦？

在某一段特別忙碌的時期，我一如往常拖著疲累的身子，搭著捷運從公司回到溫暖的家。或許是當天挑的穿著暴露了身上的肥肉，當我進入車廂，閉上雙眼，準備將身體的重量交給一旁的玻璃隔板時，原本搶在我前面，坐上博愛座的兩位女孩卻連忙跳了起來，帶著羞愧又抱歉的表情把我扶上博愛座。

「對不起！這個位子應該讓給妳坐才對……」

我就這樣坐在博愛座上，愣了有數十秒之久，腦中一片空白。當我回神時，才意識到事情的嚴重性：我被別人當成了孕婦？這次換我跳了起來：

「不用不用……我只是比較累而已……博愛座我真的不需要……」

不等車門完全開啟，我便以最快的速度衝出了車廂，在確認月台上的班次開走後，才再度回到月台，站在候車的地方。我捏了捏自己的臉頰，確定剛才發生的事並不是疲勞產生的幻覺，而是至今為止，人生中最窘困的況狀。

在回家的路上，我一直反覆回想我到底怎麼了，以前那個總是愛把自己打扮漂漂亮亮的女孩，如今卻因為肥胖遭誤認為懷孕大媽，真是人生中的一大打擊。從那天起，我向自己發誓，我絕不再放任自己繼續墮落下去。為了洗刷這份恥辱，我決心向肥胖抗戰到底。

神農嚐百草般癡狂，以僵局告終

雖說如此，這一路走來可說是跌跌撞撞。當時無論是市面常見的方法，或是坊間流傳的偏方，只要其中有標榜減肥功效，我都像神農嚐百草般大膽嘗試，內心無所畏懼。有時運氣好，體重稍微下降了一些；有時運氣差，不僅傷了身體，好不容易降下去的體重竟又上升了回來，甚至比之前更重。雖然以自身生命作為賭注不是件值得效法的事，但對於愛美如癡的我來說，比起害怕，更多的是癡狂。

在眾多的瘋狂行徑中，長達兩個月的「過午不食減肥法」大概是我所用過最激進的減肥方法。所謂過午不食，便是將飲食時段控制在起床至午餐時間結束的下午一點。長達十六小時以上的禁食確實是種煎熬，但這方法的確有效。只是，一旦回復正常飲食後，體重便會迅速反彈，也嚴重傷害了腸胃器官。於是，肥胖抗戰便在體重機的指針上展開了拉距戰，勢力不相上下，直到去年的公司尾牙，漫長的僵局才就此告一段落。

拋棄急功近利，逆轉勝的希望

俊哲是我以前在客服中心的「家人」，也是當上父親後，將福氣留在體內「發福」的男人。當我看見他竟以婚前的標準身材出現在我面前時，還誤以為自己誤闖進時光隧道。中年發福是極為常見的事情，但其中能瘦回來的人少之又少，究竟是什麼樣的方法，讓他可以恢復瘦高型男的模樣？在他的帶領下，我開始了一連串的減脂計畫，也學到了減肥最重要的一項原則：認識自己。

以往減肥的時候，我總是將注意力放在方法本身，只想著找出最有效的方法，而忽略了自己的身體狀況。在俊哲的引導下，我學會將注意力放回自己身上，藉由了解自己的體質與心理狀態，找出因應的飲食作息與進度目標。我從中找到了適合自己，不容易使體重增加，脂肪變多的食物，也改變了原本急功近利的心態。

減肥最重要的並不是一味的將體重往下壓，而是透過正確的飲食與習慣，讓身體的器官回歸到正常的軌道上運轉。我就像是減肥道路上迷途的羔羊，在牧羊人的引導下終於找到正確的方向，不僅成功地甩下糾纏不清的脂肪，也順利保持苗條的身材，告別揮之不去的復胖惡夢。現在的我不僅重拾青春，貼近美麗，也多了一些可以跟他人分享的減肥妙計。

瑞鑠國際有限公司
02-8752 6899

三個心得，喚醒記憶並堅持

在長達數月的減脂課程中，我也慢慢培養出以下三個小心得：確立健康的飲食習慣、保持身心的和平、堅持訂下的目標。

一、確立健康的飲食習慣：我們身體是由攝取的食物所組成，所以在飲食方面盡量挑選新鮮的食材，讓身體變得和食材一樣，健康且充滿活力。除了少吃過度加工或調理的食品外，也避免過分攝取高油、高熱量的零食與飲料，減少身體在消化吸收過程中所承受的負擔。

二、保持身心的和平：每個人皆是獨立的個體，適合的瘦身方式與體重改變的速度也會有所不同。最重要的，是學會接受自己當下的身體，保持樂觀的心情努力下去。若是將減肥當成一種忍耐或苦行，負面的情緒只會不斷累積，一旦爆發便有可能造成整個人失控，打亂既定的計畫，不只心理受到傷害，好不容易減下去的體重也有可能一口氣反彈回來。

三、堅持訂下的目標：減肥不只是一種過程，也是項需要長期經營的計畫。在這段長期計畫中，難免會碰上一些預期外的狀況。或許你會因此想要歇息、停止、放棄，但就在這個瞬間，不妨回想一下，自己為何堅持至此，不論是為自己、為他人、為理想、為信念，絕對要有個不能放棄的理由支撐著自己。喚醒那段記憶，堅持下去！

今世轉生妙齡少女，是任何人的夢想

目前我不但是擁有亮麗身材的妙齡少女，也是熱心助人的減脂教練。在從事減脂教練的過程中，有些學員會因為體重停滯，心生沮喪，甚至產生放棄的念頭，懷疑為何只有自己的減肥之路特別不順利。面對有困難的學員，我總是這樣鼓勵他們：

人生不一定要「最好」，但一定要讓自己「更好」。保持進步，總有一天能登峰造極。

減脂不只是種夢想，也可以是項生命中的實踐。身為一位過去式的肥胖大媽，我常和學員分享那一年在捷運上發生的孕婦事件，藉此鼓勵他們勇於追求自己的瘦身夢，同時也激勵自己繼續保持現今的身材。

十五年前，兩位年輕又漂亮的女孩踏上了渡假勝地：關島。女孩們一起穿著漂亮的比基尼在沙灘上合影拍照，作為青春的留念。後來，女孩們成了女人，在歲月的洗禮下身材走樣，斷絕和比基尼的來往。

十五年後，女人們雙雙減脂瘦身成功，再次穿上封塵已久的比基尼，重新踏上那美麗的白色沙灘，就像從前那般，既美麗又漂亮。這是我的人生故事，也會是另一段追求美的開始。

Tips

．少吃高油、高熱量的零食與飲料，減少身體在消化吸收過程中所承受的負擔

．每個人適合的瘦身方式與體重改變的速度皆有不同，要學會接受自己當下的身體

．要有個不能放棄的理由支撐自己，喚醒那段記憶，堅持下去！

如何聯繫我

楊錦恩（兩朵花）

Neena 教練

微信：n_n6657

LINE：0933442227

FB：兩朵花

MAIL：nn6657@gmail.com

IG：yangchinen

第二十堂課：全家胖不是遺傳，是生活習慣不良

常看到全家人體重都過重的情況，有人笑說肥胖是遺傳，其實由醫師的角度來看，有部分遺傳的因素，但更多更重要的是生活習慣。減肥專科醫師表示，臨床上會出現同樣體重超重的夫妻檔，或是父母與子女全家人一同來求診的情形。

以醫學的觀點，體型的確會遺傳，例如熱量的代謝快慢有遺傳的影響。不過生活習慣才是佔了現代人肥胖最大宗的原因，同一家庭的家人往往飲食習慣、生活作息類似，因此肥胖往往會有家族性的現象。在學會了正確的生活習慣，並落實在日常生活中，不僅全家人都能瘦下來，也能找回健康。

生活習慣問題才是現代人肥胖最大的原因，根據營養師分析，飲食習慣上，孩子偏食的原因有二個，其一是媽媽不吃，所以家中也不供應某些食物，全家人都失去接觸機會；另一個是可能孩子接觸家中不常吃的食物，但是父母、祖父母都不吃，因缺少父母鼓勵，而不願嘗試，或仿效父母不吃。一家人對食物喜好通常來自父母的好惡，有研究指出，孩子飲食習慣形成的甚至可能是來自母親懷孕時的飲食。

外國有研究表示，愈早讓孩子接觸到各種類健康食物，未來的飲食愈健康。例如讓孩子在成長過程經常接觸到蔬菜、水果、全穀類，改喝白開水而不喝含糖飲料，能幫助孩子建立良好的飲食習慣。而且父母不能在幾次嘗試失敗後，就放棄對孩子提供應健康飲食。

習慣吃下食物的份量，當然與肥胖有重要關係，有時孩子說：「我吃飽了」，父母會習慣接著說「把碗裡面的東西吃完」或是「整包吃掉別浪費」，都是影響熱量攝取的關鍵。美國研究指出，吃外食或包裝食品的人會吃下較多食物，導致過多熱量攝取。美國衛生機構建議依據年齡和活動量，找出每日飲食建議量；尤其減少高熱量食物，如高油脂肉類、油炸物、高糖，改增加能提供飽足感之低熱量食物。

如今的家庭生活常常是工作時間超長，動態活動的時間也減少。有可能全家習慣以電視、電腦、電玩等方式來打發休閒時間。國外研究指出，減少了跑步、打球之類的較劇烈活動，加上看電視、網路還有食品廣告的影響，都會增加食物的消費、還有零食的攝取；也有一部分因為延後睡眠，因睡眠時間太短而使肥胖比例增加。

我國曾有研究，針對兒童電視台的節目側錄，結果發現高脂、高糖、高鹽等垃圾食物的廣告，播出次數占該時段廣告的百分之十八，其中以速食、巧克力及含糖飲料廣告播出次數最多。

綜合以上，我們如何營造有利健康體態的家庭環境呢？

一、鼓勵嘗試健康的食物，並由嬰兒開始吃固體食物的時候就開始。父母要提供子女健康的食物選擇，但是吃多少由自己的生理狀況決定。

二、建立全家一起吃飯的時間，吃飯時維持愉快氣氛，放慢吃飯速度。進食速度太快與攝食過量均與肥胖有關，而進食速度太快往往導致攝食過量。

三、用一些交換條件誘使孩子吃健康食品可能會產生反效果，使孩子討厭，並且在往後決不接觸。另外，用零食鼓勵孩子，可能使孩子更愛甜食或零食，成為難以戒除的壞習慣。

四、讓動態身體活動變成家庭生活的一部分，全家一同參加慢跑、球類運動等較激烈、能促進心肺功能的活動，一星期至少有三天，每次三十分鐘。

有健康的身子
成為 守護父母的羽翼
曾姿綺
Eileen
教練

對於家庭我一直有一份強烈的責任感，因為家中的環境及個性使然，讓我十五、六歲的時候，就希望成為家人的羽翼，縱使靠我自己的力量，無法撐起整片天，至少可以減輕家中的負擔。

扛著這份甜蜜的負擔，我毅然投入了職場，可能因為年輕，說話又不懂得修飾，在奮鬥的路上，走得有些坎坷，所幸有貴人相助，不只我的工作，也讓我的身體有很大的改善。畢竟，人處在一個充滿壓力的環境下，又不懂得排除的話，是很容易讓身體出狀況的。

枕邊人說，我睡覺像要斷氣

因為工作壓力的關係，讓我下班回家後，就只想要吃。一想到客戶帳款未收及公司方面業績的壓力，除了吃，我不知道怎麼辦？而在這樣的壓力下，我的內分泌開始失調，人也開始變胖。不過，我那時候並不覺得我有多胖，覺得我只是較有肉感，看起來也很可愛啊！

那時候一位身邊的姊姊，就好心的提醒我，叫我要減肥，她常開玩笑的問我到底有沒有羞恥心？當時我也沒有特別想要減重的念頭，因為那時工作壓力大，旁邊的人再說這些，只是讓我覺得更加沉重，乾脆充耳不聞。

直到有一天我的枕邊人告訴我：「為什麼每次看你睡覺，你都好像很不舒服？」當時也沒想太多，只知道我上床躺平時都會覺得喘不過氣，像要斷氣似的，睡醒都覺得精神狀態不太好。我之前有自律神經失調的問題，家人以為是這毛病又發作了，叫我趕緊去檢查。

檢查過後，醫生告訴我，「自律神經很正常。」

但問題是，我的睡眠狀況還是不佳啊！這不禁讓我深思熟慮起來，如果還想要繼續打拼，一定要有副健康的身子，那麼，就從減肥開始吧！

先前人家一起叫我減肥，我都充耳不聞，一直到察覺身子可能有狀況，才想要改善。現在想起來，如果早點聽話，就會少受點折磨吧？

於是，我聽從姊姊的話，開始減重，體重減輕之後，喘不過氣的狀況大幅改善。而當我更加投入、了解這個減重方式後，我發現它跟我以前求學時，所上過的

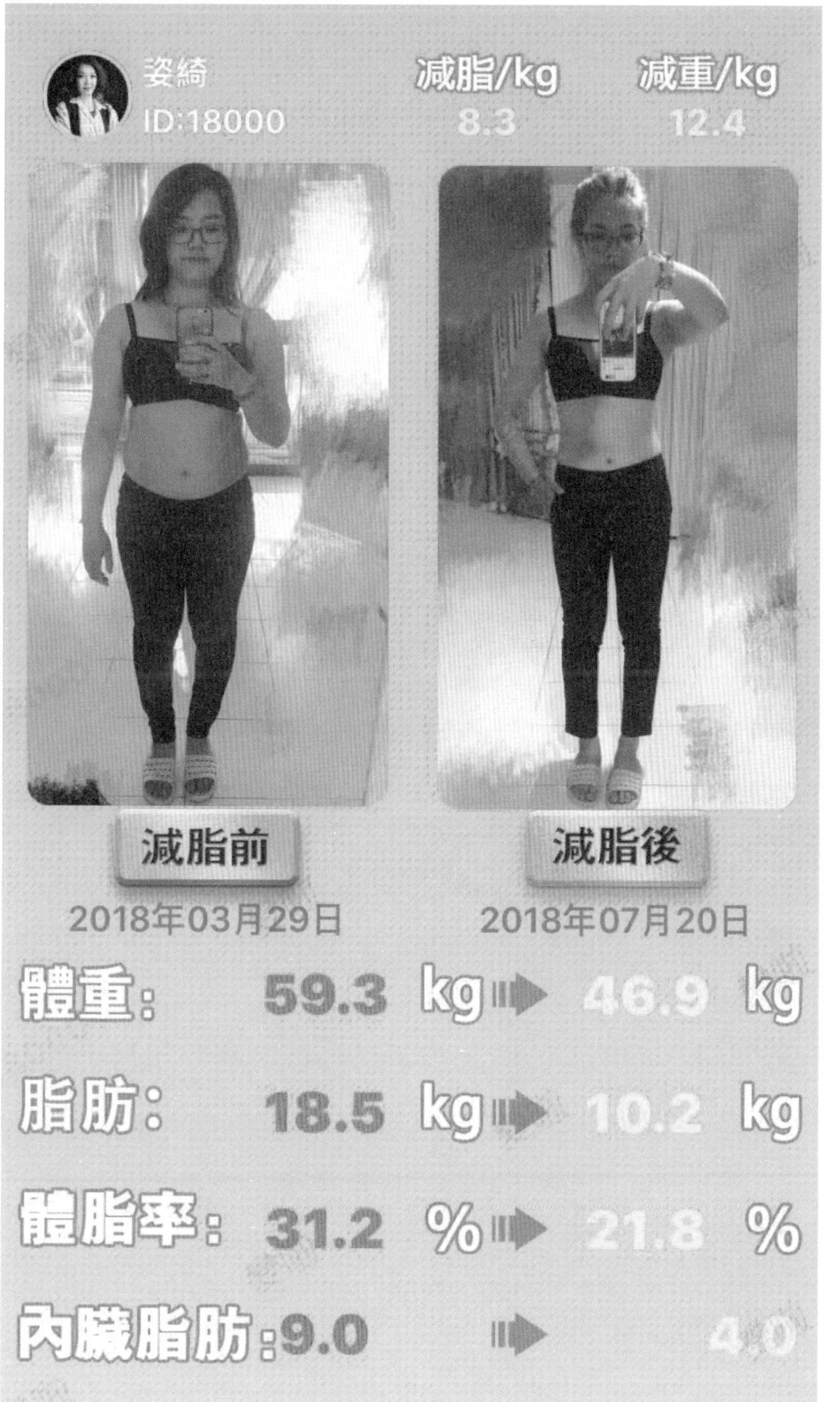
姿綺
ID:18000
減脂/kg
8.3
減重/kg
12.4
減脂前
2018年03月29日
減脂後
2018年07月20日
體重: 59.3 kg 46.9 kg
脂肪: 18.5 kg 10.2 kg
體脂率: 31.2 % 21.8 %
內臟脂肪:9.0 4.0

寶貴
ID: 22343
減脂/kg 減重/kg
12.2 13.1
減脂前
減脂後
2018/05/14
2018/09/08
體重: 69.6 kg ➡ 56.5 kg
脂肪: 31.3 kg ➡ 19.1 kg
體脂率: 45.0 % ➡ 33.8 %
內臟脂肪: 20.0 ➡ 11.0

▲◀ 姿綺與媽媽的減脂前後

原理是相同的，因為認同它的減脂原理，所以我現在站在這裡，跟大家分享我的經驗。

在減脂的過程中，我們一群好朋友會互相鼓勵、督促，在這樣的環境下，讓我愈來愈專注在這個領域。

靈魂人物心情美麗，家中氛圍更好

在減肥的過程中，因為效果顯著，很快就被我媽媽發現了，我便跟媽媽分享，我是用健康的方式減重，所以才會瘦得這麼快，媽媽一直都在減肥，只要能嘗試的，媽媽一定會試，但最終效果就是不好，當我跟媽媽講完原理後，媽媽也開始加入減脂的行列，在短短的一個月也瘦了將近十公斤。

而爸爸在知道我們在減肥的時候，他開玩笑的說，你們的身材都是我用錢養起來的，你們現在要將它減掉，簡直浪費錢。

媽媽在減重之後，開心的跟我分享，她覺得她的腳，好像沒有像之前那麼的痠麻了，在過去媽媽因為身體的不適而煩躁、不開心，但在減脂之後，收到了家人及朋友的讚美，心情漸漸的愉悅起來，也較少發脾氣，母親可是

家庭的「靈魂人物」，她的心情美麗，家中整個氛圍更是好呢！

打從懂事以來，一直不斷努力賺錢，有很大原因是為了我的家人，我有一個身心障礙的弟弟，從小看著爸爸辛苦工作，肩負全家人的生活開銷，而媽媽則負責家裡大大小小的事務，還要全心照顧弟弟，這樣的辛苦我一直看在眼底，總希望能為他們多做些什麼。

我十五歲就出來打工，連工作都是自己先去應徵好，才告訴家人，當時我只覺得，如果我能有一些收入，爸爸就不會那麼辛苦。雖然沒辦法撐起全家人的經濟，但至少我可以減輕我這部分的負擔。

我十五歲就開始打工，到了十七歲，我與媽媽將前老闆的飲料店盤起來經營，我們就開始早上賣飲料，晚上偶爾到夜市擺攤。對一個才十幾歲的女孩子來說，我知道自己的壓力比較大一點，但想到爸爸為了家庭任勞任怨十幾年，我這一點辛苦，又算什麼呢？好景不常，在五年後因為毒奶粉事件、原物料又不停上漲，毅然結束了飲料店，踏入了美髮行業。

想生孩子的她，減脂成為一盞明燈

到了新的行業，又是全然陌生的環境，加上美髮店的老闆娘是自己的表姊，在店裡，我的角色很尷尬，就算我盡力做好我的本分，也有可能遭到非議。

雖然我後來升為設計師，但因為工作時間長，朋友也一個個疏遠，基於種種因素，我考慮了許久，終於跟我表姊提出辭呈。離開了美髮業後，我遇到了琬如姊，她不斷的提攜我，不論是做生意，還是人與人的溝通技巧上，都教了我許多，我跟著她一起從事組織行銷及銷售內衣的行業。

當時因為是新公司，制度不健全，就算再認真、再努力，也無法跟收入成正比，唯一能夠讓我發洩的就是吃東西，那時候除了吃，還會將脾氣發在枕邊人身上，但事後我都感到懊悔。而在經營內衣事業部分，有時候客戶沒給款，跟公司也要先付款，我就得跟父親借錢，借錢總是要還的，我也不想讓家裡人擔心我的狀況，有時候就乾脆不回家。

後來是因為琬如姊問我要不要減肥，我聽了原理之後，就開始踏了進來。除了自己減肥，當一些客人來問時，為了讓他們正確的減重，我就開始將重心也投入在這一塊。家人與朋友知道我在減肥之後，都來詢問這方面的知識，我也不吝於告訴他們正確的知識。

之所以會成為減脂教練，一開始也是看到琬如姊這麼辛苦，而想幫她分擔，就不知不覺學出興趣，加上為堯老師的教導，讓我更加了解減脂的原理，才認真開始學習這一塊。愈來愈清楚的明白，原來之前我身體會有問題，其實跟肥胖也有很大的關係。

而在跟我一起減脂的學員當中，有一位是我的堂妹，我們的感情很好，她的體質不容易受孕，曾經好不容易懷孕，孩子卻在三十八周時胎死腹中，讓我們非常難過，我也希望透過減脂，讓她身體健康，未來她如果想要懷孕，才更有希望。

而她在減重後，也開心的跟我表示，她的皮膚狀態變好，月經也開始來了，這對想要生孩子的她，無異看到了另外一盞明燈。

我們一家子的關係都很緊密，除了爸爸辛苦的工作養著我們，媽媽也一直給我很大的自信。也可能因為這樣，所以我在肥胖的時候，並不覺得有什麼不妥，因為我對我自己很有信心。

我們家是開工程行，家裡會有很多客人來來去去，從小媽媽就教我一定不能太邋遢，要我打扮之後才能下樓。

抬頭挺胸，面對真實的自己

在我十六歲的時候，媽媽就開始教我化妝，甚至要求要化妝才能出門，就算我快遲到了，她還是會看我有沒有打扮好？她曾經告訴我一句話：「你知道女孩子沒化妝，就等於沒有刷牙洗臉就出門嗎？」，當時我只覺得，有那麼嚴重嗎？長大之後才知道這是對人的禮貌。

在青春期的時候我的發育比較好，常被一些臭男生取笑，我很不開心，試著把自己躲起來，縮胸駝背，還把自己打扮的很男性化，媽媽就會不太開心，她認為女孩子就該穿裙子，將自己打扮美麗些。而姊妹們很羨慕我，常說我身材好，她們都沒有，我說：「我才羨慕妳們呢！都不知道我的困擾在哪裡？」

然而，那時候媽媽不停鼓勵我，她一直跟我說我長得很漂亮，要對自己有信心，要抬頭挺胸，做事情也是一樣。媽媽告訴我，她這麼用心的照顧我的身體，那我也要接受我的身體啊！如果我都沒辦法接受我自己的話，那別人也沒辦法接受這樣的我啊！

媽媽的話，帶給我很大的信心，不管是做任何事，我都不會縮頭縮尾，如果不是因為肥胖影響健康，我也不一定會減肥。到專科的時候，因為受同儕的影響，很多女同學都開始打扮，我才請媽媽教我化妝，此刻，我才願意面對真實的我。

在我因為瘦下來而受益之後，我也希望我的家人、父母，包括我所認識的人都能夠注重身體的健康，正視肥胖會帶來的疾病，不要因為認為現在還年輕，就覺得沒關係。等到年紀一長，有些事想要挽救也來不及了。

而爸爸看我跟媽媽瘦的很好又健康，最近開始想要減肥，我們最主要也是希望爸爸能夠有一副健康的身體。他將我們養到那麼大，我覺得能夠真正回饋的，就是用我的所學，顧好他的身子，將來爸爸媽媽想去哪裡，就去哪裡，做自己想做的事，那是身為子女們最開心的事。

Tips

- 盡量少碰豬肉、油炸、甜食，多食用海鮮、雞肉
- 多吃蔬菜，水果，像芭樂跟蘋果都是很好的食材
- 喝水、睡眠都要充足。

如何聯繫我

曾姿綺（大米）Eileen 教練

微信：ee09062002

LINE：e09062002

FB：曾姿綺

e09062002@gmail.com

IG：e09062002

第二十一堂課：瘦下來第一步：誠實面對自己

・我現在的身高、體重、體脂率？

・我符合健康標準的體重、體脂率？

・我嘗試過的失敗減重方法？

・我在減重過程中難以突破的弱點？

跳出電腦鍵盤外的世界
宅男
變型男
Yes, we can!
林瑋麒
Rich
教練

身為專案工程師的我，每天只懂得上下班，雖然接觸的是太陽能產業，但我的日子，不一定會常常接觸陽光。雖然說早上七點半就要到公司，但加班的話，有可能到凌晨一、二點才回家。

成天埋首在電腦前面，做不完的報告，在這方面，我是專家，但對於其它像是人與人的接觸，反而少之又少。當然工作上一定會與人有所接觸，但也僅限於原來的圈子，想要再認識其他的新朋友，甚至異性，則不敢踏出最重要的那一步。

這樣的我，沒想到後來竟能翻轉？我不但從螢幕前抬起頭來，看著電腦鍵盤外的世界，還順利交到了渴望已久的女朋友！

我的一生，只有抱著電腦

身為一個工程師，可想而知，成天就是埋首工作，而大部分的時間，就是坐在電腦前面，盯著螢幕，看電腦的時間，比看人還多。而跟人的互動，也僅限於公事，就算想拓展人際圈，有時候工作忙到凌晨，也沒辦法跟新朋友互動。回到家後，只想休息，要不然就是倒頭大睡，醒來就繼續工作。

日復一日，生活可以說是單調而無趣，我不是沒有想要改變，只是也不知道要怎麼改變？比上不足、比下有餘，至少日子還過得去，我依舊過著我宅在家的日子。至少在家裡不用跟人接觸，就不會有尷尬。

向來沒對身材在意的我，身體是橫著長的，如果去跟人接觸的話，我會有點不舒服，畢竟外面多的是懂得打扮的男孩子，像我這樣肥胖的身材，又只會工作的人，女孩子怎麼可能會對我有興趣？就算有女性朋友，也是原先認識的那幾個。也因此，我繼續抱著我的電腦，覺得我的一生就這樣過吧？

一直到我看到詩賢，他是《5000公斤的希望》的作者之一，我看到他從原本的一百多公斤，竟然減了十幾公斤，而且精神、氣色也都很好，這不禁引起我的好奇，想要知道他到底是怎麼減下來的？心中充滿了極大的疑問，思考著如果我能瘦下來、如果我能穿上夢寐以求的衣服，是否可以改變我現在囧境？極大的渴望想改變現況。

透過他，我開始明白何謂科技減脂，也漸漸開始了不一樣的開心人生。

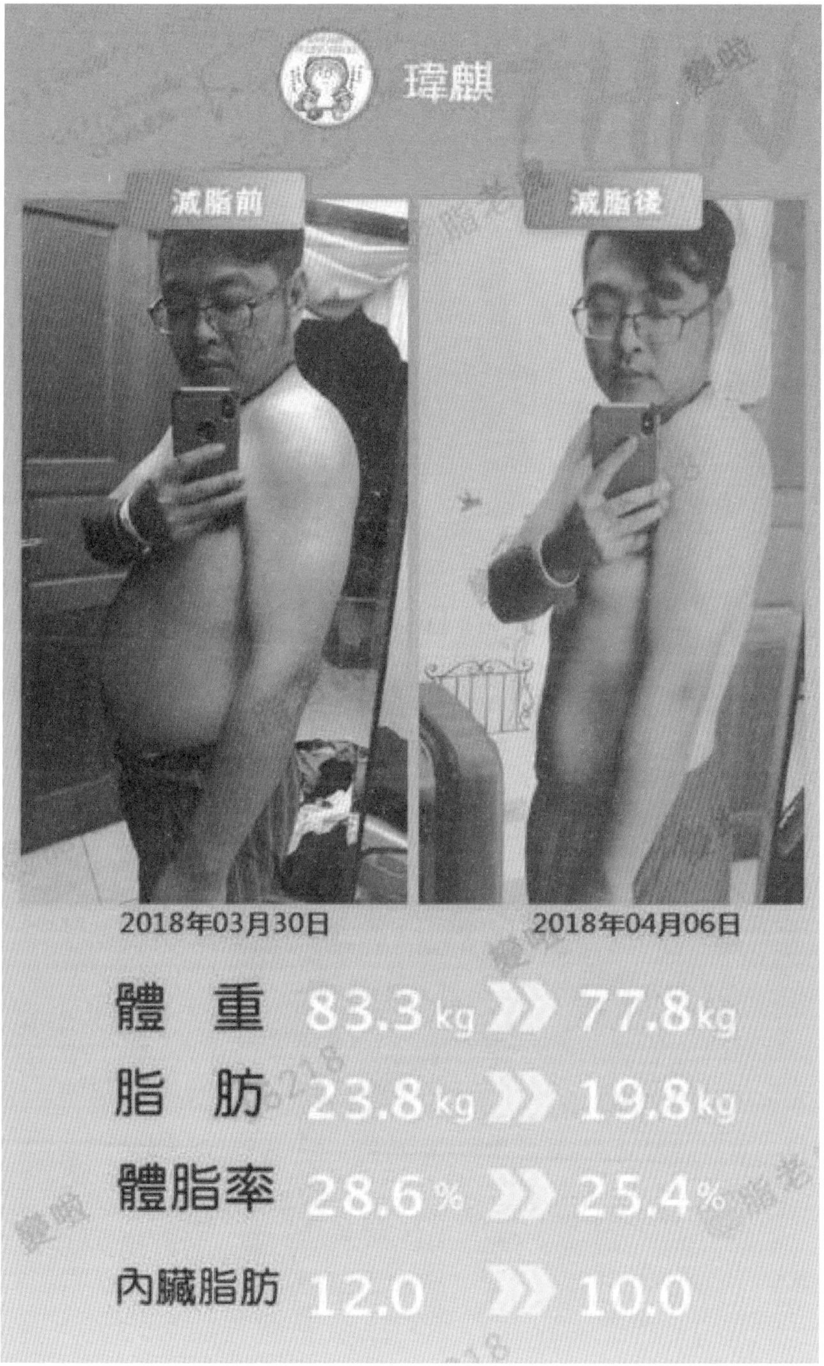
瑋麒
減脂前
減脂後
2018年03月30日
2018年04月06日
體　重 83.3 kg 77.8 kg
脂　肪 23.8 kg 19.8 kg
體脂率 28.6 % 25.4 %
內臟脂肪 12.0 10.0

看自己的體重體型，漸漸有點自卑

待在電腦前面，也是會有傷害的，長時間維持一個姿勢，低頭做專案、報告，把自己累得要死，就算有走動，運動量也是不夠的，更何況，同樣都是「動」，「勞動」跟「運動」就不一樣。

長時間下來，除了身型變得臃腫，脂肪肝也來了，心情也不好。想著自己為工作奉獻到身材走樣，健康也亮紅燈，而且還沒交到女朋友，就覺得相當沮喪。

有時候早一點下班，或是周末的時候，我也會試著穿上布鞋，到外面去跑步。我家在宜蘭，都是田地和一些產業道路，我就在其中穿梭，可能是因為實在太重，跑著跑著，我的腳踝骨受傷了？

當我去看醫生的時候，就被告知我太重了，需要減肥，剛好那時候詩賢減脂有成，引起我的興趣，我就跟他請教，要不然，我之前曾經刻意減食，一天吃不到半碗飯，餓得要死，但體重還是降不下來。

別看我胖胖的，在當工程師之前，我還是籃球隊員呢！我最瘦應該是在國中時期，到高中都還是球隊，不只是運動，還有出去參加比賽得名。出了社會，開始上班之後，沒辦法像以前那樣動來動去，加上工作性質的關係，長期坐著，不知不覺，體重愈來愈重，體型也愈來愈寬，漸漸的，自己也比較封閉，寧願面對電腦也不要面對人群，可能是有點自卑吧！

那時候只覺得，反正人生沒有目標，日子過得開心就好，那想吃什麼、就吃什麼，反正也沒有人會喜歡，又何必還要有什麼長進呢？要不是後來為了健康，我的快樂日子，可能就是這樣一直胖下去了吧？

我的打呼是重機 500c.c

肥胖雖然不等於是疾病，但肥胖的時候，身體還是有很多毛病的，除了健檢所提到的問題，還有我的睡眠也是家人的困擾。我在家睡覺的時候，打呼打的震天響，我家人都開玩笑的說，他們的打呼只是小綿羊 50c.c，而我是重機 500c.c，打呼打得特別大聲。我爸甚至還在我睡覺的時候，偷偷地把我打呼的聲音錄下來。

那時候的我，睡眠呼吸中止症很嚴重，早上醒來的時候，精神不濟，往往鬧鐘要響很久才能叫我起床。現有減下來之後，我自己買了個記錄睡眠的

Yes, we can!

小米手環，現在我深眠的部分比較久了。

在我開始減脂，體重降了八公斤之後，開始覺得有所改善，我發現我的腳步是輕鬆的，原本走路的壓力很大，現在已經不會了，而且腳傷也不再有感覺了。

我在減的時候，其實我並沒有跟家裡人講，因為我想試試看，我可以做到哪裡？因為在我減脂的過程中，我有去上一些課程，知道高血壓、糖尿病，會因為減肥而獲得改善。這一點打動了我，因為我父母有這方面的毛病，我不希望他們有這方面的困擾。

像我爸爸是銀行業務，在拜訪客戶時，難免會應酬，後來得了糖尿病（澱粉不耐症）。他後來也因為我的勸說一起減脂，而在減脂之前，他曾經出過一場車禍，腳因而受傷，我每天看著他那樣擦藥持續一個禮拜好不了，心頭很痛。

我暗暗發誓，我不能再讓我爸這樣受苦了！我要趕快成為教練，利用當教練的知識來幫助我爸爸！我必須要獲得充足的知識，才能去幫助他們。

所以我認真上課、認真減脂。反正都已經胖成這樣了，就跟頑固的脂肪拼了！

最困難的事，擺平腦袋裡的小聲音

從一開始的一公斤、二公斤、三公斤，每天都降得超開心，我每天最期待的就是站上磅秤，看到體重又降下去了，非常有成就感，而這股成就感，讓我支持著把這條路走完。

這段路，說辛苦也是辛苦，說不累也不累，完全是靠自己的執行力，如果能夠精準執行教練的指示，基本上要瘦到自己的目標是絕對沒有問題的。

減脂的時候，最困難的是要擺平腦袋裡的小聲音，那個小聲音有可能誘使你忘了原來的念頭，試著去感謝小聲音謝謝你的分享，就有動力持續執行。

當我達到自己的目標，其實我是很興奮的，我不但可以穿帥氣的衣服，而且我還交到了女朋友，其實我女朋友在我還是胖子時，就已經認識我了，我是在瘦下來之後，才有勇氣跟她表白。

我的個性還不錯，其實女孩子還滿喜歡找我聊天，但是我覺得我瘦下來後，我比較不怕面對人。因為之前長得比較胖，在人群面前，總覺得抬不起

頭來，現在我可以跟他們對答如流開心聊天了。

在我接觸減脂之前，在家不太愛講話，工作上有需要才會與人開口，但我減脂之後，家庭跟工作環境一致，人也變得比較開朗，我爸爸媽媽看到我這個樣子，也很開心。

不得不否認，瘦下來後，可以做的事情也不一樣，以前我有些服裝店進不去，甚至也不會進去，因為不想自取其辱，現在只要走進去，指著自己想要的衣服打包離開，覺得很有快感。

瘦下來後，你可以穿你想要穿的衣服、做你想要做的事、去你想要去的地方、當你想要當的人！

每個人都能做到，改變就不會是魯蛇

我曾經將自己置身在房間裡，以為整個房間，就是我的全部，但現在，我認為朋友多交一點，對自己比較好，在人生的路上，也能夠獲得比較多的照應，永遠待在家裡，是絕對不會有長進的。

我的朋友大部分都跟我一樣，大家都在比賽打電動，而現在，我放下滑鼠，他們還在打電動，活在我以前活著的世界。

我很享受現在的世界，如果他們願意來找我，想要脫離鍵盤的日子，我自然很樂意幫助他們。我覺得因為我想做，所以我現在的世界變得更廣闊。我更相信，每個人都能夠做得到，只是要相信自己做得到。

而我的女朋友，也跟著我一起減脂，當她知道我在減脂的時候，女生的雷達就像打開似的，追著我問方法，現在她也減重有成。

而我在減脂的過程，不但改變我的身材，還有我的作息、飲食，我以前很少喝水，作息也不正常，現在全改過來了。因為我已經下定決心，想要達成目標，所以我非完成不可。

而現在，我不但瘦下來，每天也盡量早睡，與其燃燒生命，不如早點回家睡覺，還可以順便減脂。我改變了我的體重、我的生活，還交到女朋友。我相信，我能做到的，你也做得到，現在的你，只是還沒有將翅膀張開而已，一旦你有了勇氣將翅膀張開，一定可以飛得比現在還高。

改變自己，永遠就不會是魯蛇（loser）。只要蛻變，你會看到不一樣的世界。

Tips

・晚上早點睡，21:00～22:00肝臟需要休息，它是你最好減脂夥伴

・多吃低升糖食物。海鮮蔬菜加水果

・下午吃蘋果，重新啟動人體精神總開關

如何聯繫我

林瑋麒 Rich Lin 教練

微信：ZSEQSC82

LINE：zseqscwadx

MAIL：ZSEQSC82@gmail.com

#YESWECAN · 減脂小學堂

第二十二堂課：大膽擁抱目標，具體作出計畫

・ 我決定尋找哪一位教練替我指導：

・ 教練給予我哪些減脂計畫上的建議：

・ 我的具體目標、減脂時程是什麼？

・ 我要如何跨出第一步？

享瘦健康
非奢求
最美麗選擇
Yes, we can!
呂美秋
Miko
教練

享「瘦」健康，絕不是一種奢求，而是一種選擇！

「減肥好難啊」、「我無法抗拒甜食的誘惑」、「我最討厭運動了」，這些會讓減肥失敗的理由總是百百種，而我也曾經是將瘦身變美視為奢侈的女人之一。然而，自信美麗真的是一種看得到卻得不到的奢侈嗎？當然不是！直到我認真下定決心減脂後，我敢肯定：這個世界上沒有胖女人，只有意志力不夠堅定與決心不夠堅強的女人。

現在，我已經可以帶著自信的笑容，大聲說：我選擇了做一個美麗且渾身散發自信的女性，而我成功了！

找到瘦身的契機，先嘗點甜頭

女人總是愛感嘆，為什麼年輕的時候少吃一餐都會瘦，但是隨著年齡增長與體質改變，彷彿連喝一杯水都會胖呢？對已經結婚且有兩個小孩的我來說，這樣負面的想法更是揮之不去的惡夢。然而，家庭、孩子、工作佔據了我全部的生活，減肥瘦身就像是最奢侈的名牌包包一樣，我卻摸不到、也得不到。

我相信很多女人特別是生活忙碌的媽媽們，就會帶著這樣的遺憾繼續生活，找不到開始瘦身的契機，只能不停地告訴自己：其實我現在這個樣子也很好呀！我想要告訴大家，這樣是不行的，請絕對不要放棄任何一個可能讓你踏上減肥之路的契機，不論是一個念頭、一個轉變、甚至有可能只是一件衣服穿不下了，當「想要減肥瘦身」這樣的想法出現在你腦海中的時候，這可能就是你的生活可以開始改變的契機，請千萬不要忽略它。

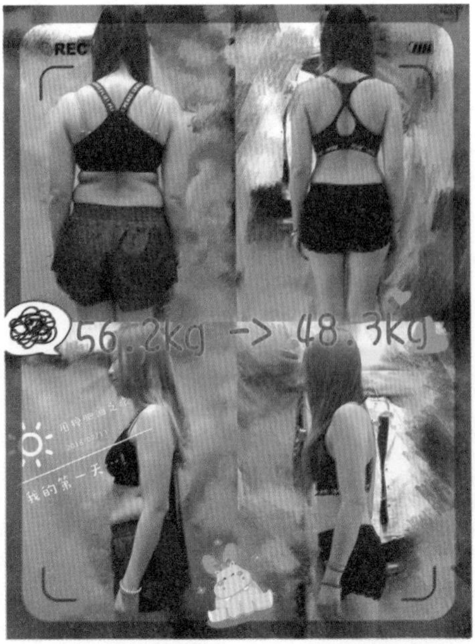

讓我開始減脂計畫的契機其實很簡單也很常見，就是一句話。從小到大，我一直都是家裡最愛漂亮、最瘦的人，這大大降低了我審視自己身材的積極度。結果，因為本身患有多囊性卵巢、內分泌失調導致產後開始肥胖起來，而治療的藥物讓我的身材再也回不去年輕的時候。有次回娘家，家人看到我日漸臃腫的身形，忍不住語重心長地跟我說：「你好像愈來愈胖了，是不是該開始減肥啦？」

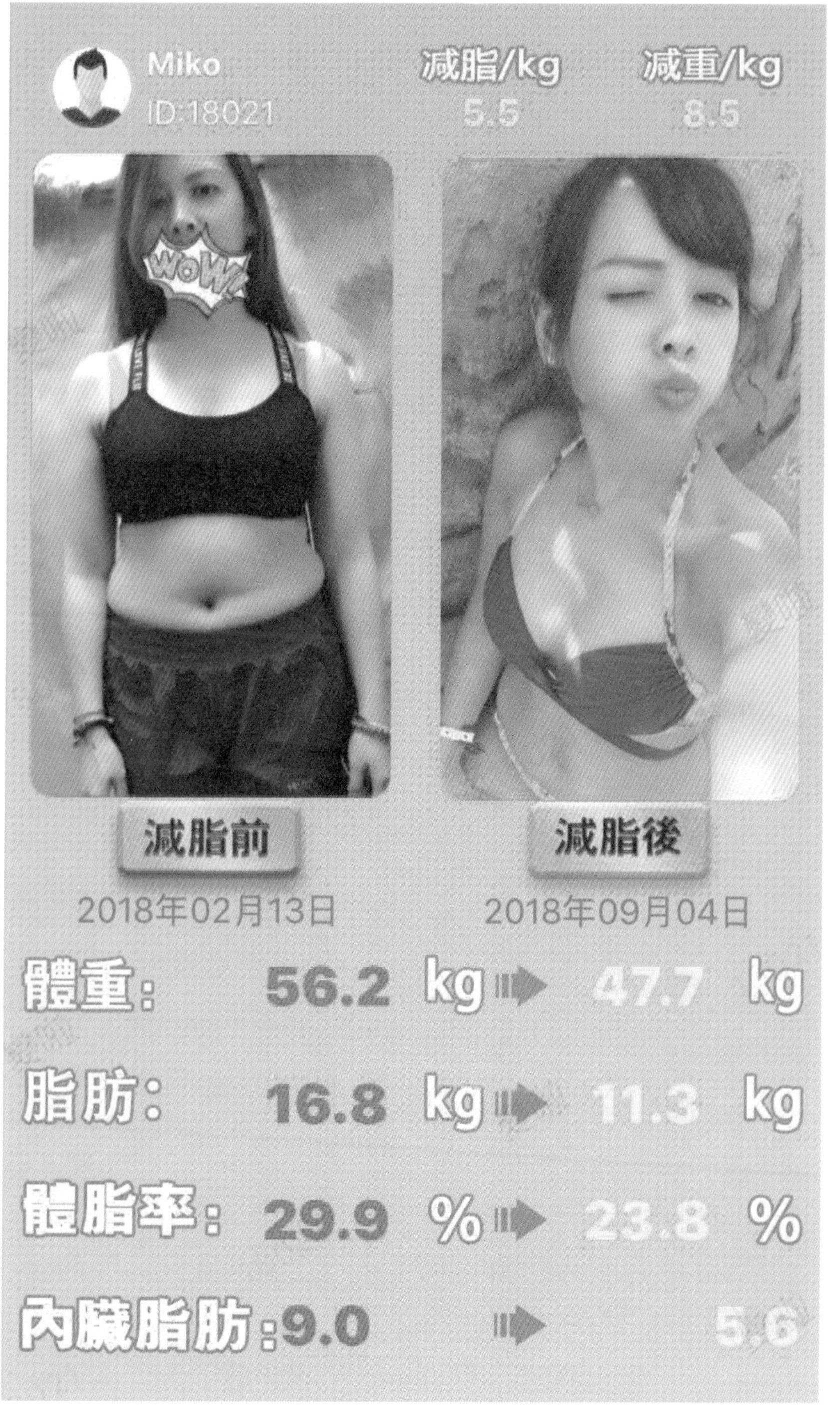
Miko
ID:18021
減脂/kg
5.5
減重/kg
8.5
減脂前
2018年02月13日
減脂後
2018年09月04日
體重：56.2 kg → 47.7 kg
脂肪：16.8 kg → 11.3 kg
體脂率：29.9 % → 23.8 %
內臟脂肪：9.0 → 5.6

這對我來說是非常晴天霹靂的一句話，我只能一直難過地反問自己：「我怎麼會變成這樣？」我想起有句話是這樣說的：「真相總是殘酷，真話總是傷人」，雖然這會讓人難過又生氣，但我反而很感謝這樣的殘酷，因為它成為了我的動力，開啟我的減脂之路。

直到現在，我還是很喜歡用這種真實又一語點醒夢中人的方式，來砥礪並督促我自己。因此，當我開始意識到自己的身材正處在岌岌可危之際，我決定先用短期的方式來試水溫，先了解自己的體質，找出最適合自己的減脂方式。我很清楚我並不是一個喜歡自我奮鬥孤獨打仗的人，因此我便與同事們打賭，至少要在過年的時候做到「不發胖」，作為我減脂計畫的第一步。

雖然剛開始的過程是相當辛苦的，原本能盡情享受的美食只能以聞的方式來滿足口腹之欲，但我告訴自己：「我必須給自己一個機會，不能洩氣更不能讓自己在同事面前丟臉。」強大的意志力終於讓我初嘗減脂成功的美味成果，我不僅沒發胖還瘦了三公斤，同事們對我的讚美更是為我的「健康瘦身之路」打了一劑最有效的強心針。

期待全新且沒看過的自己

我在二個月內以正確的飲食觀念和生活習慣，讓自己成功鏟肉十公斤。我的成果有目共睹，因此我的老公、家人、身邊的朋友同事，都開始加入了減脂計畫，由於我的成功經驗成為他們的契機，這讓我的減脂之路更廣更有意義了，我的目標已經不只是單純讓自己變得更美麗而已，我希望我身邊的人都能找回健康的自己，找到發自內心的自信，當然，我們都要更愛自己一點。我相信這就是我的挑戰與使命，於是，我成為了減脂教練。

很多時候減脂的正確觀念已經在你心中了，但心魔讓人跨不出那一步，也無法堅定信念，這讓我不知道該如何幫助學員建立自己的減脂計畫。後來看了聽了很多教練們的分享，才發現原來要成為一位減脂教練根本不難！因為自己已經有減脂成功的經驗，所以我可以大聲的說出自己的心路歷程，分享給和我有同樣需求、相同情形的人。

我沒有放棄，開始嘗試告訴大家我的減脂經驗，不論是好的經驗或是壞的經驗，只要能幫助學員堅定信念並成功，就是我最大的回饋。我幫助了一位認識十幾年的老朋友，成功瘦下十八公斤。當朋友眼框泛淚地跟我說：「最開心的是我父母跟我說，從來沒想到自己的女兒可以這麼漂亮，那種驕傲的神情。」一種身為教練又身為朋友的感動滿溢於我的心中，這讓我瞭解了，其實減脂改變的真的不只是外貌身材而已，而是你的整個生活、你的感受，甚至會影響別人看待你的眼光，以及你看待自己的眼光。

很多人常說：我的人生因為瘦下來而改變，我相信這句話絕對不假，人生充滿了各種可能性，千萬不要為自己設限。我的老公成功瘦下八公斤，他說從來沒想過婚後還可以瘦這麼多；我的小姑從小就是一個體重不輕的人，卻成功從九十三公斤瘦到六十九公斤，現在她將自己的目標放在五十公斤，你說很難嗎？不可能嗎？為什麼不可能呢？我相信，減肥是你對自己人生的一個正確的選擇！

自信是選擇，建立屬於自己的原則

很多人會問我：減脂計畫到底該如何持之以恆？無法壓抑口腹之欲該怎麼辦？內心在食慾與減脂間拔河拉扯是很正常的，曾經我也是個美食主義者，宵夜、甜點和油炸物樣樣都來，從來不會忌口。「女生都有第二個甜點胃」是我最常掛在嘴邊的口頭禪，這樣的我是如何在減脂計畫中持續進行下去的呢？其實是有公式的，那就是：目標＋方法＋意志力＝結果，因此，美麗、自信真的只是一個選擇而已！

以我自己的經驗來說，在「運動」和「飲食」的習慣上，我總是會嚴格審視自己的心情狀態。我是一個不排斥運動但相當討厭運動的人，在這樣的情況下，我選擇了較不花時間的核心運動，我告訴自己：每天花幾分鐘做核心運

動，雖然辛苦但是我是做得到的。

而在飲食方面，我則是捨棄了高糖份的飲食習慣，但是基於愛吃甜食的個性，為了可以持之以恆，我讓自己一個禮拜可以有一、兩次的破戒時刻，好好享受精緻的美食。這就是我的日常原則，對我來說，用意志力將這個原則貫徹到生活的每一天並養成習慣，並不是件難事。

當然，偶爾我們都會遇到怠惰期或是特殊期，讓你的減脂計畫卡到難關。這時候，我會選擇設定一個瘋狂且短期的目標，來提振自己的心情。例如出國時，我會瘋狂地帶上體脂計，雖然在國外非常難持續地減肥，但這個瘋狂舉動會時時刻刻提醒我不要過度放縱自己。

減脂除了方法要正確、不要搞壞身體之外，心靈層面我認為是更重要的，偶爾做些突破或是設定有趣的目標，讓減脂計畫不會流於形式，反而讓它變成一件更好玩、更值得挑戰的事！因此，減脂對我而言，只要是在「健康瘦」的前提之下，可以是一輛「長、久、遠」的電聯車，也可以是「短、快、近」的高鐵，端看自己最初購買車票的動機而定！

2017-10-19

瘦身不要孤單，找個假想敵與戰友

減脂這條路這樣一路走來，我發現自己意外地擁有一群人陪伴在身旁。有些人減肥喜歡單打獨鬥，悶起頭來自己做，但是有時候就會有種「苦在心裡口難開」的情況發生，沒有人可以傾訴內心的掙扎，也沒有人可以嚴厲地督促自己，這樣的減脂方式我認為是很容易失敗的。

所以我並不會選擇這樣的方式，我喜歡告知天下，讓朋友們都知道我正在進行減脂計畫，讓身邊的人成為你的戰友，當你無法克制自己的欲望時，不如就讓戰友把你點醒吧！我的老公也是我的戰友之一，我們在飲食習慣上互相搭配、互相提點，因此我們不會出現「你在大吃美食而我在節食」的不平衡情況，這讓我的減脂之路可以過得更順利。

除了戰友之外，我也很喜歡設定假想敵。人都是喜歡比較、喜歡挑戰的動物，當身邊出現體態比我更好的朋友時，總是會激起我的好勝心，如果我更努力一點，是不是就可以跟他一樣，甚至比他更好呢？減脂是一輩子的課題，所以我會建議假想敵可以從身邊的人挑選，愈真實、愈靠近你的生活愈好，因為當假想敵更進步的時候，你的目標也會跟著更上一層樓。更重要的是，我們可以在心裡告訴自己：別人都做得到，我有什麼理由做不到呢？

不要讓你的瘦身之路太過孤單！我總是會再三告訴學員們：自己埋頭起來減肥是最可怕的，你以為你吃對了食物但其實是錯誤的，不會有人提醒你；你以為你的運動習慣很好但其實你正在傷害自己的身體，也不會有人幫助你。減脂瘦身並不是一件丟臉的事，而是我們正在選擇了一個對自己身體好，而且健康的生活方式。

減脂是一段只要努力就會有回報的旅程，在這趟旅程中，你必須先找到自己出發的動機，並在心裡問自己三次：我為什麼要減脂？堅定自己的信念與意志力後開始擬定長久並可以持續進行下去的計劃和目標，接著找到可以陪伴自己的夥伴們，相信這趟旅程絕對會帶給你不一樣的人生！

Tips

・減脂除了方法要正確，心靈層面更重要，讓它變成一件更好玩、更值得挑戰的事

・不要讓你的瘦身之路太過孤單，自己埋頭起來減肥是最可怕的

・在心裡問自己三次：我為什麼要減脂？堅定自己的信念與意志力

如何聯繫我

呂美秋（米可）Miko 教練

微信：murky711

FB：meiciou.lyu

#YESWECAN・減脂小學堂

第二十三堂課：GI值（升醣指數）與熱量飲食表

建議最好能攝取GI值不超過60以上的食物唷！

五穀根莖類								
食品名稱	GI 值	熱量	食品名稱	GI 值	熱量	食品名稱	GI 值	熱量
法國麵包	93	279	吐司	91	264	麻糬	85	235
白米飯	84	356	烏龍麵	80	270	紅豆飯	77	189
貝果	75	157	麵包粉	70	373	胚芽米	70	354
牛角麵包	68	448	麵線	68	356	義大利麵	65	378
糙米片	65	365	白米加糙米	65	353	太白粉	65	330
麥片	64	340	中華麵	61	281	低筋麵粉	60	368
蕎麥麵	59	274	黑麥麵包	58	264	稀飯（白米）	57	71
糙米飯	56	350	燕麥	55	380	全麥麵	50	378
全麥麵包	50	240	稀飯（糙米）	57	71	全麥麵粉	45	328
全麥義大利麵	50	378						
蛋豆魚肉類								
竹輪	60		魚板	56	96	鮪魚罐頭	55	288
魚丸	52	113	烤豬肉	51	171	培根	49	405
臘腸	48	497	牛肉	46	318	火腿	46	196
香腸	45	321	豬肉	45	263	羊肉	45	227

雞肉	45	200	星鰻	45	161	牡蠣	45	60
鯨	45		鮭魚子	45		鴨	45	
蜆	44	51	海膽	44		鮑魚	44	
烤鰻魚	43	293	干貝	42	97	喜相逢	40	177
鱈魚子	40	140	鮪魚	40	125	沙丁魚	40	113
花枝	40	88	蝦子	40	83	蛤蜊	40	30
竹筴魚	40		蛋	30	151	豆腐	42	72
炸豆腐	46	150	油豆腐	43	386	納豆	33	200
百頁豆腐	42	72	毛豆	30	135	花生	22	562
大豆	30	180	腰果	29	576	黃豆	20	
乳類								
煉乳（有糖）	82	331	冰淇淋	65	180	布丁	52	126
鮮奶油	39	443	奶油起士	33	346	奶油	30	745
脱脂牛奶	30	359	低脂牛奶	26	46	全脂鮮奶	25	67
原味優格	25	62						
蔬菜類								
馬鈴薯	90	76	紅蘿蔔	80	37	山藥	75	108
山芋	75		玉米	70	92	南瓜	65	91

芋頭	64	58	栗子	60		甘藷	55	132
韭菜	52	118	豌豆	45	93	牛蒡	45	65
蓮藕	38	66	蔥	30	37	毛豆	30	135
蕃茄	30	19	洋蔥	30	37	香菇	28	18
木耳	26	127	竹筍	26	26	四季豆	26	23
高麗菜	26	23	青椒	26	22	白蘿蔔	26	18
花椰菜	25	33	茄子	25	22	苦瓜	24	17
芹菜	25	15	蘑菇	24	11	蒟蒻	24	5
豆芽菜	22	15	小黃瓜	23	14	萵苣	23	12
青江菜	23	9	花生	22	562	美生菜	22	14
黃豆	20	417	海帶	17	138	昆布	17	
菠菜	15	20	香菇	28	18			
水果類								
草莓果醬	82	262	西瓜	80		鳳梨	65	51
葡萄乾	57	301	橘罐頭	57		香蕉	61	86
葡萄	50		芒果	49	64	哈蜜瓜	4	42
桃子	41	40	櫻桃	37	60	柿子	37	60
蘋果	36	54	奇異果	35	53	檸檬	34	54
梨子	32	43	柳丁	31	46	葡萄柚	31	38

橘子	31		木瓜	30	38	草莓	29	34
杏桃	27							
糖類（只強烈推薦寡糖，其他糖類都是不利減重計畫的）								
冰糖	110	387	上等白糖	109	384	麥芽糖	105	
黑砂糖	93		蜂蜜	88	297	果糖	30	368
代糖	10	276	寡糖	10	25			
零嘴點心類（只推薦果凍、涼粉或寒天、蒟蒻等低熱量低 GI 食物）								
巧克力	91	557	麻糬加餡	88	235	牛奶糖	86	433
甜甜圈	86	387	洋芋片	85	388	奶油蛋糕	82	344
鬆餅	80	261	紅豆沙	80	155	仙貝	80	380
餅乾	77	432	胡椒	73		蘇打餅乾	70	492
蜂蜜蛋糕	69		冰淇淋	65	212	布丁	52	126
可可亞	47		果凍	46	45	牛奶咖啡	39	35
黑巧克力	22	382	涼粉	12	4			
飲料類（只強烈推薦多喝水，因為您無法得知飲料裡面加的糖是哪種）								
可樂	43		橙汁	42		咖啡	16	
紅茶	10		法式牛奶咖啡	39		啤酒	34	
巧克力奶	47							

【渠成文化】Yufit 002

#YESWECAN —— 新三好運動

作　　者　張為堯與 TOP TEAM II 教練群
林彥汝、黃逸煊、黃瓊惠、鄭志弘、何淑華、林宜萱、張正樂、
吳詩琳、李牧恒、游舒涵、蕭東民、黃英凱、謝佳軒、楊宜菁、
楊文顯、張宸瑧、郭珮茵、梁淑芳、呂澍峰、楊錦恩、曾姿綺、
林瑋麒、呂美秋（以上排列按照書內登場順序）
圖書策劃　匠心文創
發 行 人　張文豪
出版總監　柯延婷
採訪撰稿　郭茵娜、傅嘉美、郭一培、游原厚、李亞庭、李喬智
編審校對　蔡青容、葛惟庸
人物攝影　培豪
梳　　化　Ella
封面協力　L.MIU Design
內頁編排　邱惠儀
E-mail　cxwc0801@gmail.com
網　　址　https://www.facebook.com/CXWC0801
總 代 理　旭昇圖書有限公司
地　　址　新北市中和區中山路二段 352 號 2 樓
電　　話　02-2245-1480（代表號）
印　　製　鴻霖印刷傳媒股份有限公司
定　　價　新台幣 450 元
初版一刷　2019 年 2 月

ISBN 978-986-96927-7-9

國家圖書館出版品預行編目（CIP）資料

#YESWECAN：新三好運動 / 張為堯, TOP TEAM II 教練群 合著. -- 初版. -- 臺北市：匠心文化創意行銷, 2019.02
面；　公分. -- (Yufit ; 2)
ISBN 978-986-96927-7-9（平裝）

1.減重 2.塑身

425.2　　107023228